Smart Grid und Strommarktdesign

Przemyslaw Komarnicki · Michael Kranhold ·
Zbigniew A. Styczynski

Smart Grid und Strommarktdesign

Unterstützt durch Technik, IKT und KI

Przemyslaw Komarnicki
Politechnika Wroclawska
Hochschule Magdeburg-Stendal
Magdeburg, Sachsen-Anhalt, Deutschland

Zbigniew A. Styczynski
Institut für Elektrische Energiesysteme
Otto-von-Guericke-Universität Magdeburg
Magdeburg, Sachsen-Anhalt, Deutschland

Michael Kranhold
50-Hertz Transmission GmbH
Berlin, Deutschland

ISBN 978-3-658-50598-1   ISBN 978-3-658-50599-8   (eBook)
https://doi.org/10.1007/978-3-658-50599-8

Die Deutsche Nationalbibliothek verzeichnet diese Publikation in der Deutschen Nationalbibliografie; detaillierte bibliografische Daten sind im Internet über https://portal.dnb.de abrufbar.

Planung/Lektorat: Daniel Froehlich
Springer Vieweg ist ein Imprint der eingetragenen Gesellschaft Springer Fachmedien Wiesbaden GmbH und ist ein Teil von Springer Nature.
Die Anschrift der Gesellschaft ist: Abraham-Lincoln-Str. 46, 65189 Wiesbaden, Germany

Wenn Sie dieses Produkt entsorgen, geben Sie das Papier bitte zum Recycling.

für Aneta, Anke und Maria

Vorwort

Das **elektrische Energiesystem** blickt auf eine über **140-jährige** Entwicklungsgeschichte zurück.

Die **Ursprünge** gehen auf die ersten lokalen Stromerzeuger (**Gleichstromgeneratoren**) zurück, die vor etwa 140 Jahren in Betrieb genommen wurden. Diese versorgten vor allem nachts für einige Stunden das Stromnetz für die **Stadtbeleuchtung** und wurden **durch Batterien** unterstützt, die tagsüber aufgeladen wurden. Die Entwicklung von Wasserkraftwerken und der **Drehstrom**übertragung, basierend auf den theoretischen Arbeiten von **Tesla**, führte schließlich zum Aufbau von **Verbundsystemen**, die heute mehrere Länder umfassen. Ein prominentes Beispiel ist das **europäische Stromnetz**, das sich über Tausende von Kilometern erstreckt und mehr als **400 Mio. Menschen** stabil und zuverlässig mit elektrischer Energie versorgt.

In den vergangenen fast 60 Jahren **dominierten fossile Energieträger**, die in thermischen Kraftwerken durch Energieumwandlung Strom erzeugten. Sie wurden teilweise durch die Kernenergie ersetzt. Einen wichtigen Anstoß zur Suche nach neuen Energiequellen gab 1972 der **Bericht des Club of Rome** mit dem Titel „Die Grenze des Wachstums", der eine maßlose Ausbeutung der natürlichen Ressourcen der Erde durch den Menschen auch zur Energiegewinnung aufzeigte. Die Hinweise aus diesem Bericht dienten später als Grundlage für die **Einleitung der Energiewende**.

Heute erzeugen **erneuerbare Energien** in vielen nationalen Energiesystemen, insbesondere **in Europa**, den **Großteil** der benötigten **elektrischen Energie**. Die **Energiewende** erforderte nicht nur den **Ersatz** konventioneller Kraftwerke durch **erneuerbare Energien wie Wind-, Solar- und Wasserkraft sowie Biogas**, sondern auch einen grundlegenden Wandel der Energiesystemmanagementstrategie von einer lastorientierten zu einer erzeugerorientierten. Die rasanten Fortschritte in der Computertechnologie haben diesen Wandel möglich gemacht. Die enge Verbindung zwischen der traditionellen **Energieversorgungskette Erzeugung – Übertragung – Verteilung und dem Informationsfluss** darüber ermöglichte die Entstehung des **Smart Grids,** das heute Realität ist und auf der Symbiose von Elektrizitäts- und IKT-Systemen basiert.

Die Zunahme der **Stromerzeugung aus erneuerbaren Energiequellen** hat die Funktionsweise des elektrischen Energiesystems grundlegend verändert. Zwei Aspekte, der **verteilte Charakter** der erneuerbaren Einspeisung und die **Volatilität,** waren und sind die größten Herausforderungen, sowohl für die technische Ausstattung der elektrischen Energienetze als auch für die Gewährleistung ihres sicheren Betriebs. **Mittlerweile** gibt es Beispiele, die zeigen, dass eine **100 %ige Integration erneuerbarer Energien** durch einen ausgeklügelten Netzausbau, den Einsatz neuer Betriebsmittel (z. B. Batterien) und ein intelligentes Energiemanagement der Stromnetze ohne Einbußen bei der Netzstabilität und Versorgungssicherheit **möglich** ist. Vor dem Hintergrund des Ausstiegs aus der Kernenergie bis 2022 und des beschlossenen Ausstiegs aus der Kohleverstromung bis 2035–2038 ist es daher an der Zeit, das neu entstehende Stromnetzkonzept Smart Grid einheitlich zu beschreiben. Wie muss das **Smart Grid heute** und in Zukunft geplant werden und wie wird es funktionieren, um die erwartete Verdopplung der Energiemengen aufzunehmen? Diese und andere Fragen, z. B. welche **Aufgabenteilung zwischen ÜNB und VNB** in Zukunft notwendig sein wird, bedürfen einer systematischen Grundlage in Form eines Lehrbuchs.

Als aktive Zeitzeugen begleiten die Autoren das Smart Grid in Deutschland und Europa seit mehr als 20 Jahren. In Entwicklung, angewandter Forschung und industrieller Anwendung haben sie im Rahmen zahlreicher Verbundprojekte ein breites Themenspektrum auf diesem Gebiet untersucht. Die Autoren danken daher einer Reihe von Kollegen und Diskussionspartnern für den regen fachlichen Austausch, der ein notwendiger Bestandteil der Smart-Grid-Entwicklung war und ist.

Im Buch werden nach der Darstellung der Grundzüge des Netzausbaus auf allen Spannungsebenen **(Kap. 1)** die Bedingungen für die Dimensionierung von Betriebsmitteln im **Smart Grid im Normal- und im Störungsfall** dargestellt. Das **Zusammenspiel** der **Akteure** Erzeuger – Verbraucher – Prosumer wird in **Kap. 2** näher erläutert und die dafür notwendige **Ausstattung des Smart Grids** unter besonderer Berücksichtigung der Kommunikationsschnittstellen dargestellt. Des Weiteren werden in **Kap. 3** die **Grundlagen des Energiemarkts** dargestellt,[1] wobei **elektrische Energie als Produkt im Onlinehandel** betrachtet wird. Das **Merit-Order-Prinzip** wird erläutert und die Bedeutung von Erzeugungsprognosen, die sich aus der regenerativen Erzeugung ergeben, diskutiert. Die aus Prognosefehlern resultierenden Korrekturen im Netzbetrieb (sog. **Redispatch**) und deren Kosten werden betrachtet. Die Systematik der Strombilanzierung, die mit dem **Smart-Meter-Rollout** einhergeht, die Rolle der Marktakteure und die Regeln der **Marktkommunikation** spielen dabei eine entscheidende Rolle. Dies wird anhand von Beispielen detailliert dargestellt.

Dabei wird auch die zukünftig **wachsende Rolle** der **elektrischen Energie** nicht aus den Augen verloren, die dann zum Hauptenergieträger im **Gesamtenergiesystem der**

---

[1] Dieses Kapitel basiert weitgehend auf den Ausführungen in Kap. 6 des Buchs Sektorenkopplung – *Energetisch-nachhaltige Wirtschaft der Zukunft*, Springer 2021, derselben Autoren.

Zukunft (GES) wird und zusammen mit **grünem Wasserstoff** eine noch effizientere Energienutzung durch **Sektorenkopplung** nach 2045 ermöglichen soll.

Anlass für das **Buch** waren die technischen und organisatorischen **Entwicklungen** im Bereich der elektrischen Energiesysteme in den **letzten 25 Jahren.** Der **Springer Verlag** hat in Person von **Dr. Daniel Fröhlich** durch intensiven Austausch mit den Autoren dazu beigetragen, dass die **Idee** zu diesem Lehrbuch entstanden ist. Unsere geschätzten Förderer, die **50Hertz Transmission GmbH, Berlin,** und die **Steinbeis GmbH, Stuttgart,** die selbst maßgeblich an der Entwicklung des Smart Grids beteiligt sind, haben uns ermutigt, dieses Buchprojekt zu realisieren. Ihnen und allen Beteiligten gilt unser besonderer Dank.

Herrn **Dr.-Ing. Martin Stötzer** vom Ministerium für Infrastruktur und Digitales des Landes Sachsen-Anhalt und Lehrbeauftragter an der Hochschule Magdeburg-Stendal danken wir für die Übernahme der Verantwortung für das **Kapitel Energiebörse** sowie für die kritische **Durchsicht** des gesamten **Manuskripts.** Seine Anmerkungen und wertvollen Hinweise haben wesentlich zum inhaltlichen und didaktischen Wert dieses Lehrbuchs beigetragen.

Unser Dank gilt auch Frau **Anke Kranhold M. Sc.** für die sorgfältige **Korrektur** des Manuskripts und Herrn **Robert Pietracho M. Sc.** für die **grafische Gestaltung** des Buchs.

Magdeburg/Berlin

August 2025

Prof. Dr. Przemyslaw Komarnicki
Dipl.-Ing. Michael Kranhold
Prof. Dr. Zbigniew A. Styczynski

Competing Interests Die Autor*innen haben keine für den Inhalt dieses Manuskripts relevanten Interessenkonflikte.

Inhaltsverzeichnis

Abkürzungsverzeichnis

AbLaV	Verordnung zu ausschaltbaren Lasten
AC	alternating current – Wechselstrom
ANB	Ausspeisebetreiber
ARGE FNB Ost	Interessengemeinschaft von Verteilnetzbetreibern in der Regelzone 50Hertz
BDEW	Bundesverband der Energie- und Wasserwirtschaft
BHKW	Blockheizkraftwerk
BIKO	Bilanzkreiskoordinator
BK	Bilanzkreis
BKV	Bilanzkreisverantwortlicher
BNetzA	Bundesnetzagentur
BPO	Business Process Outsourcing
CIGRE	Conseil International des Grands Réseaux Électriques (Internationaler Rat für große elektrische Netze)
CIM	Common Information Model
DC	direct current – Gleichstrom
DSI	Demand Side Integration
DSM	Demand Side Management
DSR	Demand Side Response
EE	erneuerbare Energien
EEX	European Energy Exchange
EMS	Energiemanagementsystem
ENB	Einspeisebetreiber
ENTSO-E	European Network of Transmission System Operators for Electricity
EnWG	Energiewirtschaftsgesetz
EPEX	European Power Exchange
ESB	Ersatzschaltbild
EU	Europäische Union

GES	Gesamtenergiesystem
gMSB	grundzuständiger Messstellenbetreiber
GPKE	Geschäftsprozesse zur Kundenbelieferung mit Elektrizität
IEC	Internationale Elektrotechnische Kommission
IED	Intelligent Electronic Device
IEEE	Institute of Electrical and Electronics Engineers
IKT	Informations- und Kommunikationstechnik
KI	künstliche Intelligenz
KNN	künstliche neuronale Netze
KWK	Kraft-Wärme-Kopplung
MaBiS	Marktregeln für die Durchführung der Bilanzkreisabrechnung Strom
MaKo	Marktkommunikation
MPI	Max-Planck-Institut
MRL	Minutenreserveleistung
MSB	Messstellenbetreiber
MsbG	Messstellenbetriebsgesetz
NEP	Netzentwicklungsplan
POG	Preisobergrenze
PRL	Primärregelleistung
PSW	Pumpspeicherwerk, Pumpspeicherkraftwerk
reBAP	regelzonenübergreifender Bilanzausgleichsenergiepreis
rLM	registrierte Lastflussmessung
SaaS	Software as a Service
SCADA	Supervisory Control and Data Acquisition
SNL	schnellausschaltbare Lasten
SOL	sofortausschaltbare Lasten
SRL	Sekundenregelleistung
SVC	Static VAR Compensator
ÜNB	Übertragungsnetzbetreiber
VKU	Verband Kommunaler Unternehmen e. V.
VLZ	Volllastzeit
VNB	Verteilungsnetzbetreiber
wMSB	wettbewerblicher Messstellenbetreiber

Elektrische Energiesysteme – Wandlung und heutige Aufgaben

Inhaltsverzeichnis

1.1 Grundzüge der Dimensionierung des Smart Grids

1.1.1 Smart-Grid-Konzept

Elektrische Energie hat sich in den letzten 140 Jahren als die nützlichste Energieform für Menschen und Industrie etabliert. Lokale und großräumige Energiesysteme versorgen heute Milliarden von Menschen rund um die Uhr zuverlässig mit Strom. Ein Leben ohne Elektrizität ist längst undenkbar. Die rasante Entwicklung erneuerbarer Energiequellen, die eine Unabhängigkeit von fossilen Energieträgern garantieren, verbunden mit Fortschritten bei der Herstellung elektronischer Komponenten, die leistungsfähiger, zuverlässiger und billiger geworden sind, haben zu einer Weiterentwicklung in der Stromversorgung geführt. Die neue Vision für die Stromnetze der Zukunft wurde von einer europäischen Expertengruppe im Rahmen der Technologieplattform „Smart Grid" [1] zwischen 2005 und 2008 entwickelt.

Smart Grid ist ein komplexes technisches System, das als Symbiose aus Stromnetzen, regenerativer Erzeugung sowie Informations- und Kommunikationssystemen entsteht. Den Kern dieses Systems bildet das Stromnetz, das alle angeschlossenen Nutzer – Erzeuger, Verbraucher und solche, die beides sind (Prosumer) – physikalisch miteinander verbindet.

© Der/die Autor(en), exklusiv lizenziert an Springer Fachmedien Wiesbaden GmbH, ein Teil von Springer Nature 2026
P. Komarnicki et al., *Smart Grid und Strommarktdesign*,
https://doi.org/10.1007/978-3-658-50599-8_1

Smart Grid sorgt für deren Integration, um eine effiziente, nachhaltige, wirtschaftliche und sichere Stromversorgung zu gewährleisten. Im Rahmen des Smart Grids funktioniert auch ein vernetzter Energiemarkt, der ebenfalls integraler Bestandteil des Smart-Grid-Konzepts ist.

Ein Smart Grid nutzt innovative Produkte und Dienstleistungen in Kombination mit intelligenten Überwachungs-, Steuerungs-, Kommunikations- und Selbstheilungstechnologien, um u. a. [2]

- ein höheres Maß an Zuverlässigkeit, Qualität und Versorgungssicherheit zu bieten,
- die Effizienz des Netzbetriebs zu steigern,
- den Verbrauchern mehr Informationen und Wahlmöglichkeiten bei der Sicherung ihrer Stromversorgung zu bieten, ihrer Stromversorgung zu bieten,
- den Verbrauchern die Möglichkeit zu geben, sich an der Optimierung des Systembetriebs zu beteiligen,
- die Funktionsweise des Markts und die Verbraucherdienste zu verbessern,
- die Umweltauswirkungen des gesamten Stromversorgungssystems erheblich zu reduzieren.

Die Stromnetze, die als Teil des Smart Grids zu betrachten sind, werden von den Netzbetreibern betrieben. Die Übertragungsnetzbetreiber tragen die gesetzliche Verantwortung für den stabilen Netzbetrieb und die Systemsicherheit in ihrer Regelzone. In Deutschland gibt es vier Regelzonen und damit auch vier Übertragungsnetzbetreiber (ÜNB). Derzeit sind dies: 50Hertz Transmission GmbH (50Hertz), TenneT TSO GmbH (Tennet), Amprion GmbH (Amprion) und TransnetBW GmbH (TransnetBW).

Für die ÜNB stellt der Betrieb des Smart Grids gemäß ihrer Verantwortung für den Netzbetrieb aufgrund des hohen Automatisierungsgrads der Hoch- und Höchstspannungsnetze kein Problem dar. Dagegen stellt der hohe Anteil an EE auch und vor allem die Verteilnetzbetreiber (VNB) vor sehr hohe, neue Anforderungen. In einer mehrjährigen Entwicklung ist es jedoch gelungen, die Integration der drei Säulen des Smart-Grid-Konzepts auch in der Verteilung zu etablieren.

Es geht um

1. Automatisierung und Fernsteuerung in Verteilungsnetzen,
2. Flexibilisierung durch Einführung des Konzepts des virtuellen Kraftwerks,
3. Smart Metering und Marktanbindung der Verbraucher.

Der erreichte Stand in Verbindung mit der zunehmenden Kooperation zwischen ÜNB und VNB (mehr dazu in Abschn. 3.4) hat dazu geführt, dass heute in Deutschland, aber auch in anderen Ländern, insbesondere in Europa, über 50 % der elektrischen Energie aus erneuerbaren Energien problemlos in die Netze integriert werden können. Bis 2050 soll in Europa die vollständige Emissionsneutralität erreicht werden. Deutschland plant, ab 2038 keine Kohlekraftwerke mehr zu betreiben und ab 2045 die Stromversorgung vollständig auf erneuerbare Energien umzustellen (siehe auch Kap. 2). Die Dunkelflauten (siehe auch Definition 1.6), die bei hohen EE-Anteilen etwa fünf bis zehn Mal pro Jahr auftreten, sollen zunächst durch schnelle Gaskraftwerke überbrückt werden, die später auch mit grünem Wasserstoff betrieben werden [3]. Dies ergibt sich aus dem Konzept des Gesamtenergiesystems und der damit angestrebten Sektorenkopplung, die als nächste Schritte der Energiewende vorgesehen sind und in der Literatur ausführlich dargestellt werden [3, 4].

In diesem Buch liegt der Fokus auf dem Smart Grid, dessen Konzept in Abb. 1.1 schematisch dargestellt ist.

Die vier Hauptakteure des Energiesystems – Erzeugung, Übertragung, Verteilung, Verbrauch – bleiben im Smart Grid unverändert (in Abb. 1.1 unterstrichen). Die Erzeugung erfolgt im Wesentlichen durch erneuerbare Erzeuger (oben in Abb. 1.1), die je nach Einspeisepunkt aus kleinen (Verteilnetze/Prosumer) oder großen (Übertragungsnetz) Einheiten bestehen, die häufig in Parks (Wind- oder PV-Parks) zusammengefasst sein können. Die Betreiber der Übertragungs- und Verteilungsnetze überwachen den Stromfluss, der sehr empfindlich auf Störungen reagiert. Das Gleichgewicht des elektrischen Systems muss zu jeder Millisekunde (24/7) gewährleistet sein, was bei nichtgesteuerten Verbrauchern (z. B. zu Hause lassen sich elektrische Verbraucher nach Belieben ein- und ausschalten) und volatiler Energieerzeugung aus regenerativen Quellen sehr anspruchsvoll ist (siehe auch Abb. 1.7).

All dies wird durch den breiten Einsatz von IKT unterstützt. Auf allen Spannungsebenen entsteht ein Datenfluss, der sowohl die Netzsteuerung durch das Leitwartenpersonal mittels gezielter, intelligenter Visualisierung (Farben, Zooms) erleichtert als auch durch die Vernetzung der Geräte automatische Abläufe auf Stationsebene ermöglicht. Die angewandten Algorithmen der künstlichen Intelligenz verarbeiten die in Big Data gesammelten Informationen über das Netz bzw. die Ereignisse und liefern eine vertiefte Analyse, die Trends und Unregelmäßigkeiten schnell herausfiltert, was sowohl für automatisierte als auch für menschliche Entscheidungen von Vorteil ist. Die Vernetzung der Betriebsmittel durch IKT erstreckt sich von großen Kraftwerken und Anlagen in den Stationen bis hin zu intelligenten Haushaltsgeräten. Letztere können den Netzbetrieb durch Tarifsignale stabilisierend unterstützen. Intelligente Sensoren auf allen Ebenen sammeln und liefern online Informationen über Netzparameter wie Spannung, Stromfluss, über die Netzkonfiguration (Zustand der Betriebsmittel), aber auch über den Lastfluss bei den Kunden durch die Smart Meter. Diese Informationen werden dann zur Optimierung des Netzbetriebs auf allen Netzebenen genutzt.

Die bisherigen Konzepte zur kurzfristigen Frequenzstabilisierung, die dazu die Trägheit der Generatoren nutzen, werden im Smart Grid durch den Einsatz von verteilten Energiespeichern, meist in Form von Großbatterien, und zusätzlicher Flexibilität auf der Erzeugungs- und Verbrauchsseite sowie durch eine intelligente und gesteuerte Netzführung ergänzt (mehr dazu in den folgenden Abschnitten).

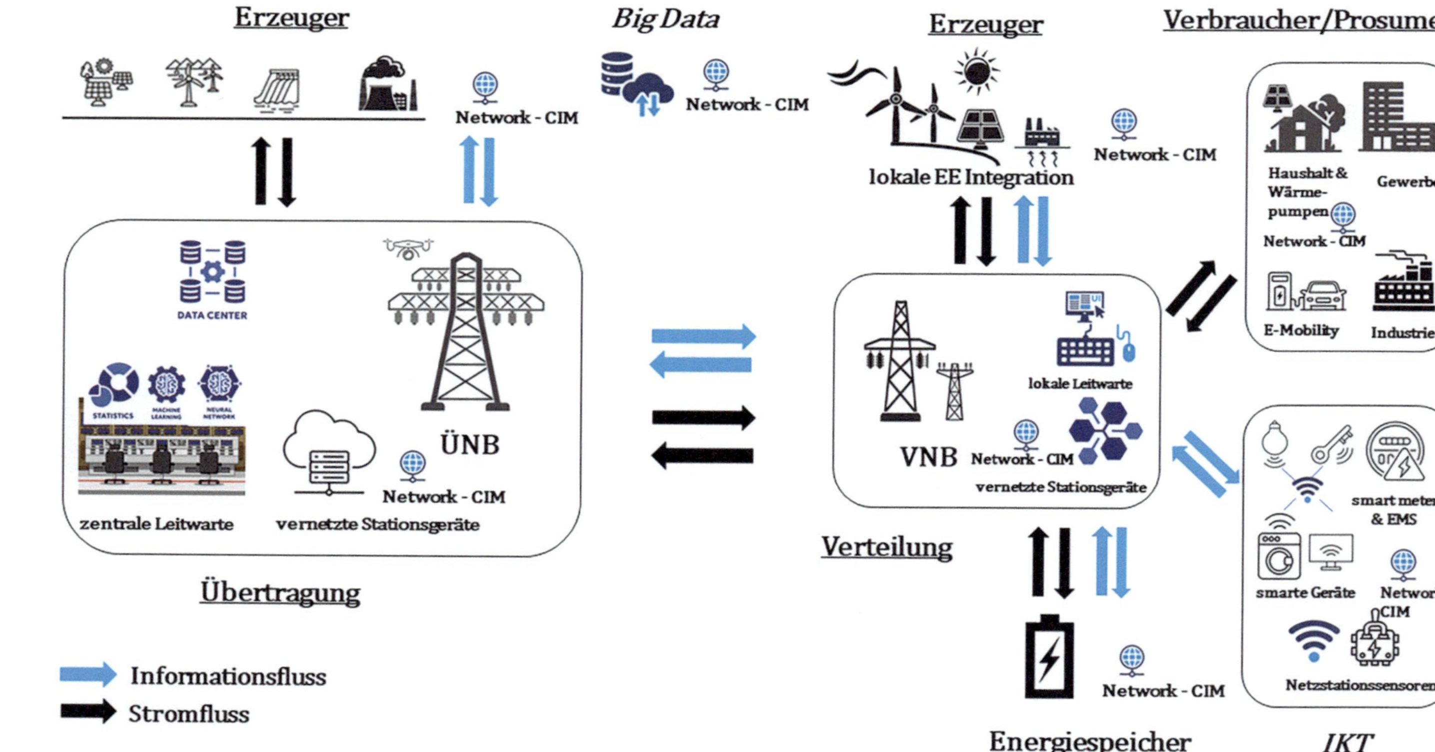

Abb. 1.1 Smart Grid – Eine Symbiose der Energie- und Informationsnetze in Anlehnung an EU DOS Entity's Raport 2024 [5]. (Quelle für Icons: stock.adobe.com)

1.1.2 Elektrische Energienetze und Anlagen – Energiemix

Wie bereits erwähnt, ist die physikalische Ebene des Smart Grids das Stromnetz. Diese einzigartige Struktur ermöglicht es, mehrere Generatoren über große Entfernungen mit vielen Kunden zu verbinden. Im Falle des europäischen Verbundnetzes sind dies Hunderte von Generatoren, Millionen von Kilometern an Übertragungs- und Verteilungsleitungen und mehr als 100 Mio. Kunden.

In über 140 Jahren Entwicklung ist ein System entstanden, das Tag für Tag zuverlässig, wirtschaftlich und stabil seine Versorgungsaufgabe erfüllt. Ein Parameter, der die Qualität der Energieversorgung charakterisiert, ist die mittlere Unterbrechungsdauer beim Kunden, international als System Average Interruption Duration Index (SAIDI) bekannt. Der Wert dieses Parameters gibt an, wie viele Minuten pro Jahr statistisch eine Versorgungsunterbrechung beim Kunden dauert, die aus verschiedenen Gründen auftreten kann. In Deutschland beträgt diese Kenngröße im Jahr 2023 12,7 min pro Kunde und Jahr [6]. Zum Vergleich: Im Jahr 2022 betrug SAIDI in Österreich 23 min, in Japan 27 min und in den USA 125,7 min.

Für die Energieversorgung hat sich historisch aus technisch-finanziellen Gründen der Wechselstrom durchgesetzt. In Europa beträgt die Frequenz des Wechselstroms 50 Hz (eine Periode dauert 20 ms). In den USA und teilweise in Japan sind es 60 Hz, was historisch zu begründen ist.

In Deutschland, Österreich und der Schweiz wird Wechselstrom mit einer Frequenz von 16,7 Hz auch in Bahnnetzen eingesetzt, da die Bahnnetze historisch bedingt eigene Kraftwerke, überwiegend Laufwasserkraftwerke betrieben haben und diese Frequenz aus Konstruktionsgründen der dort eingesetzten Turbinen (niedrige Drehzahl) vorteilhaft war (mehr dazu in Kap. 2).

Leistung, Energie und Wirkungsgrad
Für die Dimensionierung von Netzen und Anlagen (z. B. Transformatoren, Leitungen, Kabel, Messgeräte etc.) ist die Arbeitsspannung (Nennspannung), die Nennlast, zusammen mit der Kurzschlussfestigkeit (Kurzschlussleistung) ausschlaggebend [2].

Elektrische Leistung ist definiert als das Produkt der Zeitfunktion von Spannung und Strom [7]. So kann man diese Definition mit Gl. 1.1. ausdrücken:

$$p(t) = u(t) \cdot i(t), \tag{1.1}$$

was im Falle des Gleichstroms mit der Gl. 1.2 beschrieben wird:

$$P = U \cdot I. \tag{1.2}$$

Im Fall von Wechselstrom wird eine komplexe Leistung mit der Gl. 1.3 wiedergegeben

$$\underline{S} = \underline{U} \cdot \underline{I}^* = P + jQ, \tag{1.3}$$

wobei der Realteil P, die Wirkleistung der Gl. 1.3, durch Gl. 1.4

$$P = S \cdot \cos\varphi \qquad (1.4)$$

und der Imaginärteil Q, die Blindleistung, durch Gl. 1.5 beschrieben werden:

$$P = Q \cdot \sin\varphi. \qquad (1.5)$$

Die elektrische Arbeit ist äquivalent zur elektrischen Energie und als solche ein Produkt aus der Leistung und der Zeit, die mit einem Integral in einer Zeitperiode t_1 bis t_2 berechnet werden kann, wie in Gl. 1.6 angegeben:

$$E = \int_{t1}^{t2} p(t)dt. \qquad (1.6)$$

Anstelle von „elektrischer Energie" werden in der Elektroenergietechnik auch andere Begriffe verwendet. Man spricht von Strom oder Strommenge (bedeutet: elektrische Energie), man spricht von Last oder Auslastung (bedeutet: Leistung). Diese Begriffe haben in der elektrischen Energietechnik im Allgemeinen die gleiche Bedeutung, die manchmal von den allgemeinen Definitionen abweicht [2, 7].

Da Spannung und Frequenz in elektrischen Netzen nahezu konstant sind und sich im Normalbetrieb nur in engen zulässigen Grenzen ändern dürfen, unterliegt die Auswahl der Betriebsmittel unter diesen Gesichtspunkten einer strengen Normierung (siehe auch Abb. 1.3 und Tab. 1.1).

Anders verhält es sich mit dem Strom, der von der konkreten Netzkonfiguration abhängt. Wenn wir z. B. einen Niederspannungsleiter auswählen müssen, so ist die Nennspannung dieses Leiters 230 V, aber er kann verschiedene Querschnitte haben, die dem zulässigen Strom entsprechen.

Aus diesem Grund ist traditionell der grundlegende Parameter bei der Auslegung von elektrischen Systemen die Summe der Verbraucherleistungen, die Summe der Lasten. Für die Dimensionierung des elektrischen Netzes (Erzeugungsanlagen und Übertragungsleitungen) spielt es keine wesentliche Rolle, wie sich die Lastkurve des Verbrauchers über den Tag (Tagesbelastungsdiagramm) verteilt. Entscheidend ist die maximale Last (Abb. 1.2). Diese darf nicht, oder nur kurzzeitig, überschritten werden (mehr dazu in Kap. 2).

Das in Abb. 1.2 dargestellte Tagesbelastungsdiagramm (Lastgang) in einem Netzknoten ist abhängig vom Standort und der Jahreszeit. Für Deutschland sind in dieser Kurve zwei Spitzen charakteristisch, eine gegen 12 Uhr, die stärker ist als die andere, die gegen 18 Uhr auftritt. Generell ist der Verbrauch in den Nachtstunden zwischen 22 und 6 Uhr gering, erst ab 6 Uhr steigt die Last kontinuierlich an. Die Last, die immer vorhanden ist, wird auch Grundlast genannt. Diese muss immer (alle 24 h) geliefert werden und deshalb

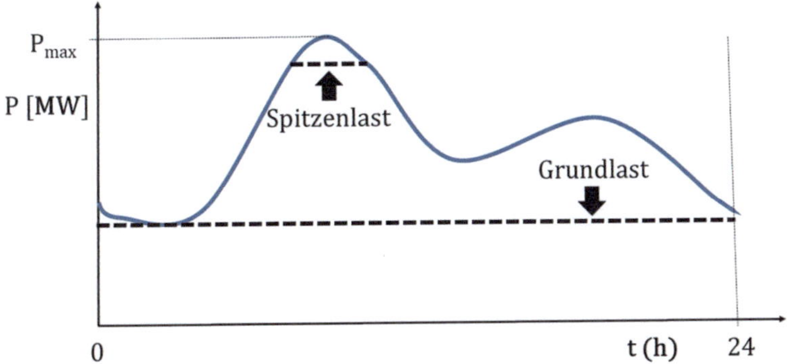

Abb. 1.2 Idealisiertes Tagesbelastungsdiagramm

gibt es auch den Begriff Grundlastkraftwerke. Früher waren das in Deutschland z. B. die Kernkraftwerke. Heute wird die Grundlast je nach Tageszeit oft von vielen verschiedenen Kraftwerken abgedeckt, nicht selten auch mit Energie aus Wind- und Solarkraftwerken.

Im Gegensatz zur Grundlast steht die Spitzenlast. Das ist die Leistung, die nur wenige Minuten (bis zu 1 h) am Tag gedeckt werden muss. Klassisch wurde die Spitzenlast je nach Ausprägung durch Pumpspeicherkraftwerke (PSW) oder Gaskraftwerke abgedeckt. Im Smart Grid ist es je nach Wetterlage nicht unüblich, dass auch Solarkraftwerke die Spitzenlast abdecken. Das ist eigentlich logisch, weil bei hoher Einspeisung aus Solaranlagen gerade um 12 Uhr die meiste Energie durch diese Anlagen produziert wird.

Die auch als Mittellast bezeichnete Leistung wird heute häufig im Day-Ahead-Prozess an der Strombörse eingekauft (siehe dazu auch Kap. 3).

Eine hohe Einspeisung aus EE (im Jahr 2024 wurden 57 % der elektrischen Energie in Deutschland durch EE bereitgestellt [8]) führt zu einem geringen Bedarf an konventioneller, fossiler Erzeugung. Die zur Deckung dieses Bedarfs notwendige Erzeugung wird als Residuallast bezeichnet, d. h. die Last, die nicht durch (meist lokale) EE-Erzeugung gedeckt werden kann. Mithilfe des Konzepts des virtuellen Kraftwerks könnte die residuale Last optimiert werden, wodurch sich wiederum die Netzbelastung verringern würde.

▶ **Definition 1.1 – Virtuelles Kraftwerk [9]**
Ein virtuelles Kraftwerk ist ein Zusammenschluss von dezentralen Einheiten im Stromnetz, die über ein gemeinsames Leitsystem koordiniert werden. Die Einheiten können Stromproduzenten wie Biogas-, Windkraft-, Photovoltaik-, KWK- oder Wasserkraftanlagen, Stromverbraucher, Stromspeicher und Power-to-X-Anlagen (Power-to-Gas, Power-to-Heat) sein. Zweck des virtuellen Kraftwerks ist die gemeinsame Vermarktung von Strom und Flexibilität aus dem Schwarm der aggregierten Anlagen. Jeder dezentral

produzierende, speichernde oder verbrauchende Akteur am Strommarkt kann Teil eines virtuellen Kraftwerks werden.

Die Führung des Schwarms aus einzelnen Einheiten übernimmt ein zentrales Leitsystem, das mittels eines speziellen Algorithmus nicht nur die einzelnen Anlagen im virtuellen Kraftwerk koordiniert, sondern auch, wie ein einzelnes Großkraftwerk auf Netzzustände und Regelenergieabrufbefehle durch Übertragungsnetzbetreiber reagiert. In Verbindung mit dem Stromhandel ist das virtuelle Kraftwerk zudem in der Lage, schnell und effizient auf Preissignale aus den Strommärkten zu reagieren und seine Fahrweise entsprechend anzupassen.

Bei der Netzplanung, die grundsätzlich in Zeithorizonten von bis zu 30 Jahren erfolgt, werden neben der Höchstlast auch statistische Parameter wie Gleichzeitigkeit und Überlastzeit berücksichtigt [2, 9]. Um die hohe Zuverlässigkeit des Netzes zu gewährleisten, wird in Deutschland außerdem das (n − 1)-Kriterium (Definition 1.2) angewandt.

▶ **Definition 1.2 – (n − 1)-Kriterium [10]**

Das (n − 1)-Kriterium (sprich: N-minus-eins-Kriterium) oder die (n − 1)-Sicherheit bezeichnet den Grundsatz, dass bei dem Ausfall einer Komponente durch Redundanzen der Ausfall eines Systems verhindert wird. Das (n − 1)-Kriterium ist ein Grundsatz der deutschen Netzplanung und sorgt für die hohe Netzsicherheit, die wir in Deutschland haben. Beim Ausfall einer Komponente wie z. B. eines Stromkreises kommt es durch Ausweichmöglichkeiten nicht zu einer Versorgungsunterbrechung oder einer Ausweitung der Störung. Die (n − 1)-Regel muss bei maximaler Auslastung gegeben sein. Wenn das Netz nicht voll ausgelastet ist, können auch höhere Stufen wie beispielsweise (n − 2) erreicht werden. In manchen Netzen wie den Netzen zur kritischen Infrastruktur ist eine (n − 2)-Verbindung sogar verpflichtend.

In Abb. 1.3 sind die elektrischen Netze, der Hauptteil des Smart Grids, dargestellt.

Das Stromnetz mit all seinen Anlagen und Komponenten wird in zwei Netzebenen unterteilt: Übertragung und Verteilung (Abb. 1.3). Diese Netzebenen unterscheiden sich durch ihre jeweilige Spannungsebene (die sogenannte Nennspannung). Die Übertragungsnetze (380 und 220 kV) sind überwiegend als Freileitungsnetze ausgeführt, während die Verteilungsnetze (110 kV und darunter) überwiegend als Kabelnetze ausgeführt sind. Erzeuger und Verbraucher können auf verschiedenen Netzebenen über Leitungen und andere Einrichtungen (z. B. Schaltanlagen oder Transformatoren) an das Netz angeschlossen sein (Abb. 1.3). Die Kopplung zwischen zwei Ebenen erfolgt in der Regel über Transformatoren, die die Spannungen von einer Ebene zur anderen entsprechend anpassen. Auf der Verteilungsebene bilden sich virtuelle Kraftwerke (VKW), die einen koordinierten Verbrauch und eine koordinierte Erzeugung in geschlossenen Gruppen ermöglichen und damit die Flexibilität des Netzbetriebs erhöhen.

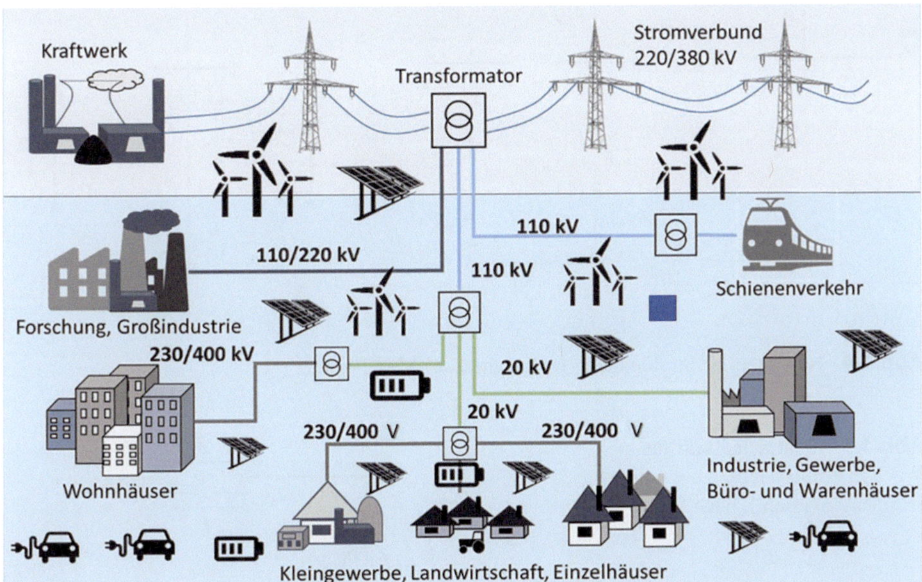

Abb 1.3 Schematische Darstellung des Stromnetzes mit den Spannungsebenen und den zugehörigen Anlagen

In den letzten Jahren wurde die dominierende Rolle des Wechselstroms (AC) in den elektrischen Energiesystemen durch den Einsatz von Gleichstrom (DC) ergänzt.

Die Gleichstromübertragung auf Höchstspannungsebene wird für die gezielte Punkt-zu-Punkt-Übertragung von großen Leistungen eingesetzt. In Deutschland werden diese Verbindungen genutzt, um Strom von Windparks in Norddeutschland zu Verbraucherzentren in Süddeutschland zu übertragen. Derzeit befinden sich vier solcher Gleichstromverbindungen im Bau. Die Gleichstromverbindungen werden auch für die Anbindung von Offshore-Windparks an das Onshore-Netz genutzt. Sogar ein Offshore-Gleichstromnetz ist geplant, unter anderem in der Nordsee [11]. Auf der Mittelspannungsebene können sogenannte MVDC-Kurzkupplungen (MVDC für Medium Voltage Direct Current) zur Netzverstärkung eingesetzt werden.

Auf allen Spannungsebenen gibt es ausgeprägte Netze, die unterschiedlich strukturiert sein können. Es lassen sich jedoch drei Grundstrukturen des Stromnetzes unterscheiden: Strahlennetz, Ringnetz und Maschennetz.

In Abb. 1.4 sind diese Strukturen schematisch dargestellt.

Das Strahlennetz zeichnet sich durch seine einfache Form aus und wird hauptsächlich in ländlichen Verteilungsnetzen verwendet. Das Ringnetz ermöglicht eine hohe Versorgungszuverlässigkeit durch zweiseitige Einspeisung aller Verbraucher und ist häufig in Verteilungsnetzen im städtischen Bereich anzutreffen. Das Maschennetz wird als Struktur meist in Übertragungsnetzen verwendet.

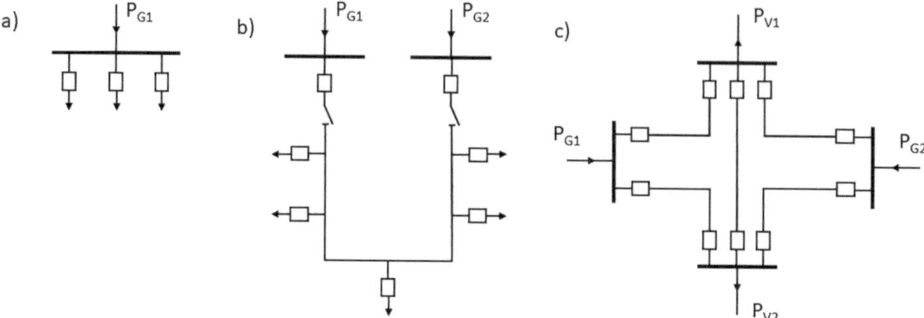

Abb. 1.4 Netzarten. **a)** Strahlennetz. **b)** Ringnetz. **c)** Maschennetz

Abb. 1.5 Ersatzschaltbild für Wechselstromsystem (Einphasensystem), nach [7]

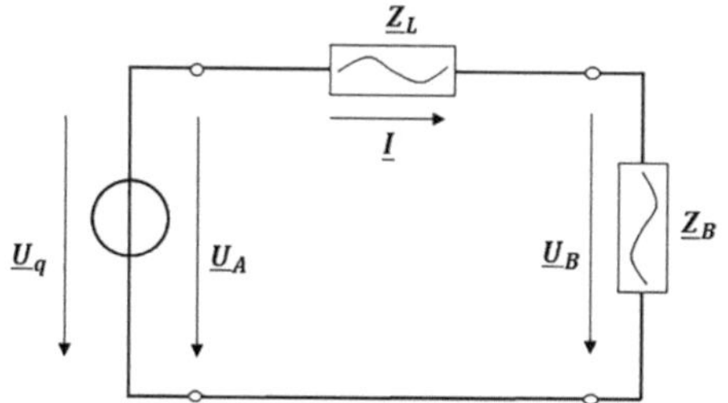

Der nächste Schritt in der Modellierung und damit in der Berechnung des Smart Grids ist die Erstellung eines Ersatzschaltbilds. In diesem werden die Betriebsmittel (elektrische Anlagen) durch ein oder mehrere Bauelemente dargestellt, die die elektrischen Eigenschaften dieser repräsentieren.

Für ein einfaches Wechselstromsystem (Einphasensystem), bestehend aus Quelle (Index q), Leitung (Index L) und Bezug/Verbrauch (Index B), kann das Ersatzschaltbild in Abb. 1.5 aufgestellt werden.

Für dieses System lassen sich folgende Gleichungen aufstellen:

- Spannungsgleichung (Gl. 1.7–1.10)

$$\underline{U}_A = \underline{U}_q \tag{1.7}$$

$$\underline{U}_B = \underline{Z}_B \underline{I} \tag{1.8}$$

$$\underline{U}_q = \underline{Z}_L \underline{I} + \underline{U}_B = (\underline{Z}_L + \underline{Z}_B)\underline{I} \tag{1.9}$$

- Komplexe Leistung (Gl. 4.4)

$$\underline{S} = \underline{U}\,\underline{I}^* = UI\cos\varphi = P + jQ \tag{1.10}$$

Die Nachbildung der einzelnen Betriebsmittel und darauf aufbauend des Gesamtsystems erfolgt grundsätzlich nach dem gleichen Prinzip. Dabei können sich die einzelnen Modelle aufgrund der unterschiedlichen physikalischen Eigenschaften der modellierten Elemente wie z. B. der auftretenden Verluste in Abhängigkeit von der Leitungslänge sowie deren Anwendungsfall deutlich voneinander unterscheiden.

Energiemix

Insgesamt stellt sich das Smart Grid als sehr kompliziertes Gebilde dar, das zu Recht als das komplexeste System der Erde bezeichnet wird. Als Beispiel sei hier das deutsche Stromnetz mit mehr als 1,3 Mio. km Leitungslänge[1] und einer Spitzenlast von über 80 GW genannt.

Für die Struktur und Sicherheit der Stromversorgung ist der sogenannte Energiemix von großer Bedeutung. Dieser gibt den prozentualen Anteil der verschiedenen Energieerzeuger (Wind, Kohle etc.) zur Deckung des Energieverbrauchs an. Charakteristisch für das Smart Grid ist ein hoher Anteil regenerativer Energien im Energiemix (vgl. Tab. 1.1). Ab einem Anteil von etwa 30 % erneuerbarer Energien spricht man von einem Smart Grid, da der optimale und wirtschaftliche Betrieb solcher Netze einen breiten Ansatz von IKT-Technologien verlangt.

Die Eckdaten des deutschen Energiesystems sowie der gegenwärtige und der für das Jahr 2045 geplante Energiemix sind in Tab. 1.1 übersichtlich dargestellt. [2, 7, 12–16].

Wie in Tab. 1.1 dargestellt, wird eine Verdopplung des Stromverbrauchs in Deutschland innerhalb der nächsten 20 Jahre prognostiziert. Dies ist mit dem Ausbau der Wasserstoffwirtschaft als Ersatz für fossile Energieträger (Stichwort: Elektroauto [17]) verbunden. Der Wasserstoff soll dabei hauptsächlich durch Elektrolyse mit grünem Strom gewonnen werden [3]. Im Jahr 2045 werden ausschließlich erneuerbare Energien genutzt und die erforderlichen Flexibilitäten werden durch den massiven Einsatz von Energiespeichern und Gas-H_2-Kraftwerken gewährleistet (Vision).

Der Energiemix betrachtet die Zusammensetzung der Erzeugungsquellen aus energetischer Sicht. Meistens ist er jedoch leistungsbezogen angegeben. Um dies einheitlich zu betrachten, muss man die angegebenen installierten Leistungen mit den Volllaststunden, die für die unterschiedlichen Technologien bekannt sind, multiplizieren.

Die Volllastzeit (VLZ) eines Kraftwerks errechnet sich durch Division der jährlichen Arbeit durch die Nominalleistung dieses Kraftwerks. In der jährlichen Arbeit sind auch die Teillast- oder Ausfallzeiten (z. B. Havarien, Wartung) berücksichtigt. Die VLZ sind vom örtlichen Netz und den primären Aufgaben eines Kraftwerks (Grundlast, Spitzenlast)

---

[1] Autobahnnetz in Deutschland 13.210 km, Straßennetz 830.000 km BDV.

Tab. 1.1 Eckdaten des deutschen Stromnetzes und Energiemix 2024 und 2045

Parameter	Wert und Spezifikation	Bemerkung
Spannung **Wechseldrehstrom** (AC)	230/400 V 10 kV, 20 kV 15 kV 110 kV, 220 kV, 380 kV	Niederspannung Mittelspannung Bahnnetz Hoch- und Höchstspannung
Frequenz	50 Hz 16 2/3 Hz	Öffentliche Netze Bahnnetz
Energiemix2024 (Deutschland?)	PV – 100 GW Wind – 2,8 GW Biomasse – 9,2 GW Wasserkraft – 4,8 GW Pumpspeicher – 9,9 GW Kohle – 41,2 GW Gas – 36,7 GW	**Stromerzeugung 497,3 TWh** Braun- und Steinkohle – 106,4 TWh Erdgas – 78,4 TWh EE – 284,0 TWh (57,1 %) Übrige – 22,4 TWh
Energiemix2045 Szenario A	PV – 400 GW Wind – 230 GW (davon offshore – 70 GW) Biomasse – 2,0 GW Wasserkraft – 5,3 GW Pumpspeicher – 11,1 GW Gas (H_2) > 34,6 GW Sonstige Konv. – 1,0 GW	**Geplanter Stromverbrauch 1079 TWh** Flexibilität Batteriespeicher – 141 GW DSM (Industrie) – 8,9 GW

abhängig und in Stunden pro Jahr angegeben, wobei einem Jahr 8760 h zugerechnet werden.

In Deutschland werden bei überschlägigen Berechnungen folgende durchschnittliche VLZ (Quelle: Internet) benutzt: Windenergie 2000–3500 h, Wasserkraft, 4000 h, PV-Anlagen 1000 h, Grund-, Mittel- und Spitzenlastkraftwerke 7000, 5000 bzw. 3000 h.

Grundsätzlich lassen sich die Angaben zur installierten Leistung in Energie-mixkennzahlen umrechnen. Das Beispiel 1.1 verdeutlicht die Umrechnung der Leistung in Energie pro Jahr unter Anwendung von Vollastzahlen für unterschiedliche Technologien. Entsprechend diesem Beispiel können auch die Angaben zum Energiemix 2045 in Tab. 1.1 überprüft werden.

Beispiel 1.1 – Energetisches Äquivalent von EE zu Kohlekraftwerken

Nehmen wir einen 200-MW-Onshore-Windpark (WP), eine 200-MW-PV-Solaranlage (PV-A) und ein 200-MW-Kohlekraftwerk (KW).

Energieproduktion in einem Jahr:

- WP – 200 MW • 2000 h = 400 GWh

- PV-A – 200 MW • 1000 h = 200 GWh
- KW – 200 MW • 7000 h = 1,4 TWh

Ein energetisches Äquivalent eines 200-MW-KW wäre

- ein Windpark mit einer Leistung von 7/2 • 200 = 700 MW

oder

- eine PV-Anlage mit einer Leistung von 7/1 • 200 = 1400 MW.◄

1.1.3 Informations- und Kommunikationstechniken, Daten und KI

In der Informations- und Kommunikationstechnik wird zwischen Hardware und Software unterschieden. Die Besonderheiten des Smart Grids stellen sehr hohe, spezifische Anforderungen an die eingesetzte Hardware. Ausfälle im Smart Grid können nicht nur sehr kostspielig sein (beispielsweise durch einen großflächigen Stromausfall über längere Zeit), sondern auch lebensbedrohlich (durch Explosions- oder Stromschlaggefahr). Auch die Reaktionszeit spielt eine wichtige Rolle. So sollen Kurzschlussströme beispielsweise innerhalb von zwei bis maximal vier Perioden abgeschaltet werden, was einer Zeit von bis zu 80 ms entspricht [28]. Eine Fehlfunktion dieses Systems kann schwerwiegende Konsequenzen bis hin zur Lebensgefahr nach sich ziehen.

Damit Geräte verschiedener Hersteller gleichzeitig genutzt werden können, muss die Hardware zusammen mit der Kommunikationssoftware die Interoperabilität der IKT gewährleisten.

Die gesamte Kommunikation im Smart Grid wird als SCADA (Supervisory Control and Data Acquisition) bezeichnet. Die dort verwendeten Kommunikationsprotokolle sind von der Internationalen Elektrotechnischen Kommission (IEC) definiert. Das im SCADA-Bereich am weitesten verbreitete Protokoll ist IEC 61850 [18].

Das Protokoll IEC 61850 bildet die Basis für eine standardisierte Kommunikation zwischen intelligenten elektronischen Geräten (IED, Intelligent Electronic Devices) wie Schutzrelais, Steuergeräten, Messgeräten und ist gleichzeitig die Quelle für weitere kompatible Protokolle wie IEC 61400-25 für Windkraftanlagen oder IEC 61850-7-420 für Wasserkraftwerke oder dezentrale Energieressourcen.

Als Medium nutzt das Protokoll Ethernet oder TCP/IP. Zusätzliche Schichten wie GOOSE (Generic Object Oriented Substation Event) ermöglichen eine schnelle Peer-to-Peer-Kommunikation außerhalb der Kernübertragung. Dies ist beispielsweise für Schutzgeräte mit einer gewünschten Reaktionszeit von weniger als 4 ms relevant. Die Kommunikation erfolgt dabei über die Prozessbusse und nicht über eine individuelle Verkabelung zwischen den Geräten.

Grundlage der Datenmodellierung ist ein objektorientiertes Datenmodell (z. B. „Logical Nodes"). Mithilfe der standardisierten Konfigurationssprache SCL (Substation Configuration Language) können Anlagen geplant, in Betrieb genommen und gewartet werden.

Die Protokolle des Common Information Models (CIM) nach IEC 61970 sind etwas anders aufgebaut. Die CIM-Modelle werden durchgängig für die Planung und den Betrieb des Smart Grids verwendet, um eine globale Datenbasis zu schaffen, die unter anderem GPS-Koordinaten umfasst. Die gleichzeitige Nutzung unterschiedlicher Protokolle erfordert die Übertragung von Daten zwischen diesen. Diese muss separat in Form eines Mappings programmiert werden.

Betrachten wir beispielsweise den Mappingprozess zwischen den beiden im Smart Grid am häufigsten verwendeten Protokollen IEC 61850 (Stationskommunikation) und IEC 61970 (CIM). Zunächst stellen wir fest, dass IEC 61850 feste Datenstrukturen hat, die jedoch stark auf die Kommunikationsbedürfnisse zugeschnitten sind. Das Protokoll arbeitet also auf einer sehr niedrigen Abstraktionsebene mit konkreten Steuerungsdaten für die Echtzeit. Das CIM-Protokoll ist hingegen statisch und arbeitet auf einer hohen Abstraktionsebene.

Das Mapping zwischen diesen Protokollen ist aus Gründen der Interoperabilität im Smart Grid notwendig. So werden die im Protokoll 61850 gespeicherten Messdaten beispielsweise in Prozessen wie der Netzüberwachung oder der Zustandsanalyse benötigt und müssen in der Regel sofort in die übergeordneten Systeme übernommen werden, die mit dem Protokoll IEC 61970 beschrieben werden. Auch Daten wie Schalterstellungen müssen als Ende-zu-Ende-Datenfluss übertragen werden, um die Topologie des Netzes in der Leitwarte des Smart Grids abzubilden [21].

Die technischen Ansätze für das Mapping zwischen IEC 61970 und IEC 61850 werden durch die Arbeiten des IEC TC57 unterstützt [18, 19].

Wie das Mapping in der Praxis funktioniert, wird in Beispiel 1.2 dargestellt.

Beispiel 1.2 – Überwachung des Status des Leistungsschalters in der Leitwarte

Mapping derSchalterposition von IEC 61850 auf CIM:

IEC 61850:

- **Objekt:** XCBR (Circuit Breaker)
- **Attribut:** Pos (Position) in Logical Node, z. B. XCBR.Pos
- **Werte:** stVal (Status Value) = 0 (off), 1 (on), 2 (intermediate), 3 (faulty)
- **SCL:** mit DO name = "Pos">

CIM:

- **Klasse:** Switch

- **Attribut:** open (Boolean: true = off, false = on)
- **Zusatz:** SwitchPosition oder OperationalLimit für Zustandsdetails

Mapping:

- IEC 61850 XCBR.Pos.stVal = 0 → CIM Switch.open = true
- IEC 61850 XCBR.Pos.stVal = 1 → CIM Switch.open = false
- IEC 61850 XCBR.Pos.stVal = 2 → CIM Switch mit status = „intermediate" (erfordert Erweiterung, z. B. SwitchPhase)
- IEC 61850 XCBR.Pos.stVal = 3 → CIM Equipment.operationalStatus = „faulty"

Verlauf der Meldung

1. CIM-Seite
   - Der Leistungsschalter ist als Breaker-Instanz in einer CIM-XML-Datei modelliert.
   - EMS (Energiemanagementsystem) sendet eine Abfrage nach Breaker.switchStatus.
2. Mapping
   - Die CIM-Klasse Breaker wird auf dem Logical Node XCBR (IEC 61850) gemappt.
   - Das Attribut switchStatus wird auf XCBR-Pos abgebildet.
3. 61850-Seite
   - Ein DIE (Device Instance) im Umspannwerk liefert den Status über MMS.
   - Ein Gateway übersetzt die MMS-Daten in CIM-XML und sendet sie zurück ans EMS.
4. Ergebnis: Das EMS zeigt Schalterstatus an und kann ihn in die Netztopologie z. B. der Smart-Grid-Leitwarte einbinden.◄

Referenzquelle: IEC 62361-102, CIM 61970-301 (Equipmentmodell).

Künstliche Intelligenz

Der Begriff künstliche Intelligenz umfasst eine Reihe von Methoden, die auf spezifischen Algorithmen basieren. Die als Lernfähigkeit bezeichnete Eigenschaft dieser Methoden ist der Grund, warum sie unter dem Begriff künstliche Intelligenz zusammengefasst werden (siehe Definition 1.6).

► **Definition 1.3 – Künstliche Intelligenz**

Künstliche Intelligenz ist die Fähigkeit einer Maschine, menschliche Fähigkeiten wie logisches Denken, Lernen, Planen und Kreativität zu imitieren.

KI ermöglicht es technischen Systemen, ihre Umwelt wahrzunehmen, mit dem Wahrgenommenen umzugehen und Probleme zu lösen, um ein bestimmtes Ziel zu erreichen. Der Computer empfängt Daten (die bereits über eigene Sensoren, z. B. eine Kamera, vorbereitet oder gesammelt wurden), verarbeitet sie und reagiert.

KI-Systeme sind in der Lage, ihr Handeln anzupassen, indem sie die Folgen früherer Aktionen analysieren und autonom arbeiten.

(Quelle: Europäisches Parlament. Themen/Digitales/künstliche Intelligenz [20]).

Es gibt verschiedene Klassifikationen der künstlichen Intelligenz. Eine davon ist die Gliederung nach dem Einsatz der Lernmethoden, wobei die allgemeine Unterteilung nach drei Merkmalen menschlichen Verhaltens aussagekräftiger ist. Es geht um die Bereiche derBild-,, Sprach- und Texterkennung. Hierfür sind etliche KI-Algorithmen (wie z. B. Gesichtserkennung) weit verbreitet und bekannt.

Die Ausführung solche KI-Systeme erfolgt in Form von Expertensystemen, die beispielsweise prädiktive Analyse oder Sprachsynthese nutzen. Solche Systeme werden mittels maschinellen Lernens, tiefgreifenden Lernens bzw. Crowdsourcing[2] trainiert.

Die Basis für die Wissensverarbeitung in der KI ist die Wissensrepräsentation. Hier werden alle notwendigen Daten und deren Zusammenhänge gespeichert, die im Rahmen des Wissenserwerbs gewonnen wurden. Die Methoden der KI greifen auf das Wissen der Anwendungsdomäne (Anwendungsfeld) zu, das entsprechend systematisch repräsentiert (gespeichert) ist [22].

Die Standardmethode der Wissensspeicherung sind Produktionsregeln, auch als WENN-DANN-Regeln bekannt. Diese Regeln beschreiben systematisch die Aufgabe (oft sind es Hunderte von Produktionsregeln) und ermöglichen, aus den in den Datenbanken gespeicherten Fakten, selektiv an die Aufgabe angepasst, neue Fakten im Verarbeitungsprozess zu erzeugen. Dies ähnelt dem intelligenten Vorgehen von Menschen. Der Verarbeitungsprozess des in den Fakten gespeicherten Wissens wird als Inferenzmechanismus bezeichnet. Durch eine Vorwärtsverkettung dieser Mechanismen werden die neuen Fakten erzeugt, durch eine Rückwärtsverkettung kann der logische Weg der betroffenen Entscheidungen nachvollzogen bzw. erklärt werden [22]. Abb. 1.6 zeigt die prinzipielle Funktionsweise der Vorwärtsverkettung der Inferenz.

Nach dem Initiieren des Prozesses werden die Produktionsregeln der Reihe nach abgearbeitet, wobei jeweils geprüft wird, ob ein neuer Sachverhalt auftritt. Ist dies der Fall, wird der Inferenzmechanismus fortgesetzt. Ergibt das Durchlaufen aller Regeln jedoch keinen neuen Fakt, so ist die Aufgabe zunächst abgeschlossen.

Andere Methoden der Wissensrepräsentation sind [22]:

- Semantische Netze – beschreiben in systematischer Weise die Zugehörigkeit und Beziehungen zwischen Teilen eines komplexen strukturierten Objekts

---

[2] Hier als Lernen von KI-Systemen durch Expertenwissen verstanden.

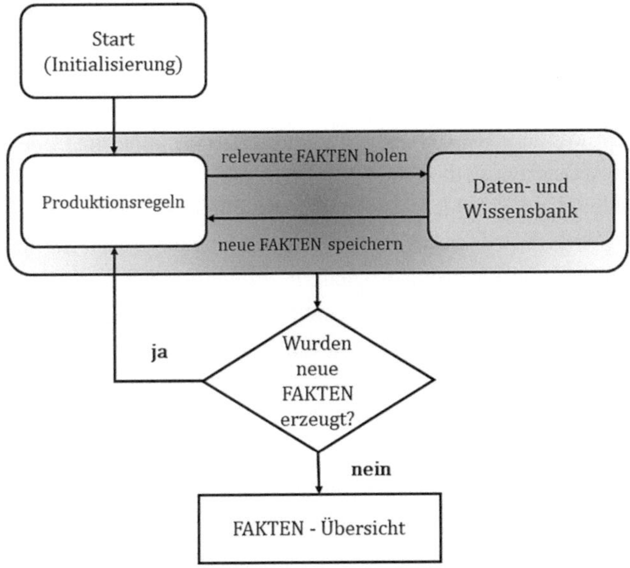

Abb. 1.6 Inferenz der Produktionsregeln

- Frames (Rahmen) – spezielle Datenstrukturen zur Darstellung des gesamten Wissens über Objekte
- Wandtafelkonzept – Repräsentation des Wissens, das durch dynamische Methoden der Wissensakquisition, z. B. Brainstorming, gewonnen wurde

Die gewählte Systematik des Wissens muss zunächst entsprechend der Aufgabenstellung mit Instanzen belegt werden. Dazu dienen die Methoden der Wissensakquisition.

Zu den traditionellen Methoden der Wissensakquisition gehören:

- Lernen durch externe Information
- Lernen als Erkennen von Gesetzmäßigkeiten
- Lernen durch Analogie

Der Prozess der Wissensakquisition ist mühsam und zeitaufwendig, aber von dessen Vollständigkeit hängt die Qualität der Ergebnisse ab, die wir durch den Einsatz von Algorithmen der künstlichen Intelligenz erhalten.

Der mühsame Prozess der Wissensakquisition kann in vielen Fällen automatisiert werden, insbesondere dann, wenn die Eigenschaften eines untersuchten Ereignisses durch Parameter charakterisiert werden können. Zum Beispiel kann das Wetter an einem bestimmten Ort und zu einer bestimmten Zeit durch Lufttemperatur, Luftdruck, Luftfeuchtigkeit, Windstärke, Windrichtung, Niederschlag etc. beschrieben werden.

Liegen viele solcher strukturierten Zustandsdaten für einen Ort oder ein Ereignis vor und ist auch die Bewertung solcher Zustände bekannt (z. B. Expertenbewertung), kann der Wissenserwerb automatisiert werden. Dieser automatisierte Wissenserwerbsprozess wird als Training bezeichnet und kann sich auf spezielle Strukturen beziehen, die das trainierte Wissen speichern können. Hierfür eignen sich z. B. künstliche neuronale Netze (KNN) oder sogenannte Clusteringmethoden (CM).

Die KNN bilden die neuronalen Netze des menschlichen Gehirns nach. Die mathematische Darstellung eines Netzes besitzt zwei Elemente, die durch den Lernprozess verändert werden und dadurch auch Wissen „speichern" können. Dies sind die Verstärkung der Verbindungen der Synapsen und die Verschiebung (Bias) der Übertragungsfunktion.

Clusteringmethoden, die es in Hülle und Fülle gibt, basieren auf der vektoriellen Analyse von Daten im mehrdimensionalen Raum und führen dazu, dass die Daten in Gruppen mit unterschiedlicher Ähnlichkeit eingeteilt werden.

Beide oben genannten Verfahren erfordern große Datensätze (Big Data). Der Trainingsdatensatz wird in die richtigen Trainingsdatensätze und den Prüfdatensatz aufgeteilt (meist werden 80 % der vorhandenen Datensätze für das Training und 20 % für die Prüfung verwendet).

Das Training erfolgt iterativ unter Verwendung verschiedener Lernverfahren. Eine davon ist das sogenannte Supervised Learning. Es erlaubt die Änderung der Parameter der gewählten Struktur ohne Korrektur des Lernschritts. In Abb. 1.7 ist diese Methode als Flussdiagramm dargestellt.

Während des Lernprozesses ist es manchmal notwendig, die Konsistenz der Datensätze zu überprüfen. Wenn die Daten inkonsistent sind (fehlerhafte Muster im Datensatz), kann dies dazu führen, dass die Algorithmen nicht konvergieren, daher müssen die entdeckten falschen Sätze aus dem Datensatz entfernt werden.

Die meisten Funktionen elektrischer Energiesysteme basieren auf physikalischen (elektrotechnischen) Prinzipien und sind als solche gut deterministisch beschreibbar. Mithilfe

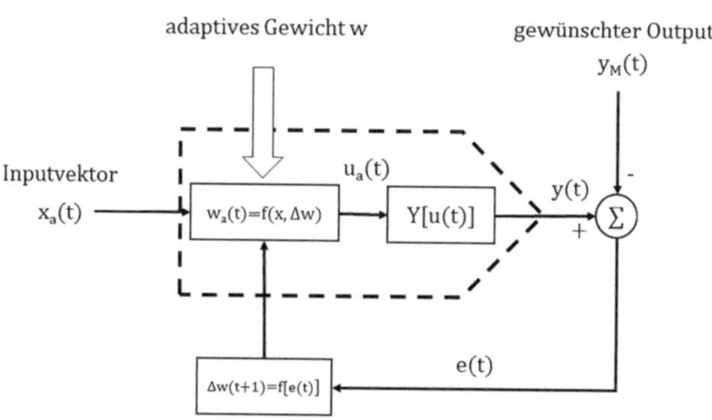

Abb. 1.7 Supervised Learning z. B. Feedforward KNN

von Differenzialgleichungen können sowohl das mechanische Verhalten der Generatoren und Turbinen und anderer beweglicher Teile (z. B. Antriebselemente) als auch die elektrischen Eigenschaften der Energieübertragung beschrieben werden. Auf Basis dieser Beschreibung entstehen mathematische Modelle, die heute unter dem Begriff digitaler Zwilling bekannt sind. Der digitale Zwilling des gesamten Energiesystems ist bekannt und ermöglicht, den Betrieb des Smart Grids in allen Situationen nahezu in Echtzeit zu simulieren. Die Parametrierung erfolgt auf Basis der bekannten technischen Spezifikationen der Anlagen. In den seltensten Fällen ist eine Verbesserung der Parametrierung erforderlich, was auch durch die Analyse von Messdaten möglich ist. So folgt die Auslegung des Hauptreglers diesem physikalischen Modell. Erst bei der Planung und Überwachung außerhalb dieses Hauptmodells kommen nichtdeterministische Methoden der KI infrage.

Systematisiert man die Anwendung der KI im Smart Grid [23], so lassen sich u. a. folgende Bereiche identifizieren, in denen KI-Methoden zum Einsatz kommen:

1. In Smart-Grid-Operationen (u. a. Fehlererkennung und Diagnose, Netzführungsunterstützung)
2. Im Verteilungsnetzbetrieb (u. a. Lastprogosen, Netzplanung und Erweiterung)
3. In Belangen des Energiemarkts (u. a. Marktanalyse und Vorhersage, algorithmisches Handeln)
4. Bei Energieverbrauchern (u. a. Smart-Home-Automatisierung, Elektroautoladestrategie)

Beispiele der KI-Anwendungen

Ein allgemeines und komplexes Beispiel für die Anwendung von KI-Methoden ist die Wettervorhersage, die heute eine entscheidende Rolle bei der Ertragsprognose von erneuerbaren Energiequellen wie Wind oder Sonne spielt. Die täglich neu gewonnenen Daten fließen kontinuierlich in die Datenbank ein und ergänzen die Informationen über die neuesten Entwicklungen, z. B. die zunehmende Erwärmung der Atmosphäre. Dank dieser adaptiven Entwicklung sind die Wettervorhersagen heute erstaunlich genau. Es gibt auch Werkzeuge, die Wettervorhersagen für die Zukunft mit einer Genauigkeit von bis zu 1 h ermöglichen (Regionales Klimamodell, REMO, entwickelt vom MPI).

Künstliche Intelligenz wird auch in großem Umfang in SCADA-Systeme (SCADA für Supervisory Control and Data Acquisition) von Umspannwerken integriert, um die Leistung, Zuverlässigkeit und Betriebseffizienz zu verbessern. Dies ist besonders ausgeprägt in Bereichen wie Netzplanung und -optimierung und -betrieb, wo KI inzwischen eine dominierende Rolle spielt [23].

Für die Programmierung von KI-Algorithmen werden neben Standard-Programmiersprachen, die eine objektorientierte Beschreibung erlauben, wie z. B. C++, auch spezielle Programmiersprachen wie z. B. Prolog verwendet. Immer beliebter werden heute auch spezielle direkte, objektorientierte Programmiersprachen, die bereits das Nutzen der vorhandenen KI-Standardbibliotheken erlauben. Besonders attraktiv ist hierbei die direkte Programmierung (z. B. in Phyton), die im Gegensatz zur klassischen Programmierung eine iterative Entwicklung des Algorithmus erlaubt. Durch die breite Palette an grafischen Hilfsverfahren können Zwischenergebnisse schnell und anschaulich dargestellt werden, was die Entwicklung auch komplexer KI-Algorithmen erleichtert.

1.2   Netzplanung

Im Bereich des Smart Grids werden heute in den Industrieländern keine „Greenfield[3]"-Strukturen mehr geplant. Geplant sind meist Erweiterungen aufgrund von Wachstum (neue Stadtteile, neue Industriebetriebe), Lastverschiebungen (Umzüge) oder Änderungen in der Erzeugung (z. B. Stilllegung alter Kraftwerke, Anschluss neuer Windparks). Da solche Ereignisse ständig auftreten, ist auch die Netzplanung ein kontinuierlicher Prozess, der sowohl in der Ebene der Verteilnetze als auch strategisch in der Ebene der Übertragungsnetzbetreiber durch die Bundesnetzagentur (BNetzA) als Regulator des Energiemarkts in Deutschland koordiniert wird.

Insbesondere die strategische Planung unterliegt einem strengen Monitoring und findet ihren Niederschlag im sogenannten Netzentwicklungsplan (NEP), der von den ÜNB für einen Betrachtungszeitraum von zehn bis 15 Jahren im Voraus erstellt wird. Er umfasst alle wirksamen Maßnahmen zur bedarfsgerechten Optimierung, Verstärkung und zum Ausbau der Netze.

Dazu werden in Deutschland zwei Grundkriterien verwendet [24]:

- (n − 1)-Sicherheit (siehe Definition 1.4): Das im NEP definierte Stromnetz der Zukunft muss (n − 1)-sicher sein.
- NOVA-Prinzip (NOVA für Netzoptimierung vor Verstärkung vor Ausbau): Bei der Wahl des Ausbauszenarios wird darauf geachtet, dass ein Ausbau erst dann notwendig wird, wenn Netzverstärkungen (z. B. Austausch von Betriebsmitteln) oder Netzoptimierungen (Änderung der Netzkonfiguration durch Umschaltungen) die Herausforderungen der Zukunft nicht bewältigen können.

Elektrische Netze können im Allgemeinen in Form von Schaltplänen dargestellt werden. Diese werden auch Stromlaufpläne genannt. Diese bilden die Grundlage für Ersatzschaltbilder. In diesen werden die physikalischen Eigenschaften der Anlagen durch die dargestellten elektrischen Komponenten repräsentiert. Diese Darstellung des elektrischen Netzes ist die Vorstufe zur Netzmodellierung, also zur Erstellung eines digitalen Zwillings des Netzes. Erst dann ist es möglich, Simulationsrechnungen für geplante oder bestehende

---

[3] „Greenfield" ist ein Begriff, der im Kontext von Smart Grid eine Planung ohne Berücksichtigung bestehender Netz- und IKT-Strukturen beschreibt. Dadurch ist von Anfang an eine hohe Flexibilität bei der Integration modernster Technologien möglich.

Netze durchzuführen. Grundsätzlich existieren solche digitalen Zwillinge für das gesamte Netz in Deutschland in unterschiedlicher Genauigkeit, je nach Berechnungsaufgabe (Lastfluss, Kurzschluss, transiente Vorgänge).

Für die Berechnungen werden speziell adressierte Berechnungstools wie z. B. NEO-PLAN, PSS®Sincal, PowerFactory, aber auch eigenentwickelte Programme meist auf Basis von Simulationsprogrammen wie z. B. Matlab Simulink eingesetzt.

Es gibt mathematische Methoden zur Netzoptimierung (dynamische oder ganzzahlige Programmierung) [4], in der Praxis wird aber insbesondere die Szenariomethode in der strategischen Planung eingesetzt. Dabei werden (meist von den Netzbetreibern in Abstimmung mit der BNetzA) mehrere Varianten der zu erwartenden Verbrauchs- und Erzeugungsentwicklung für die Zukunft erstellt, für die dann Netzsimulationen mit dem digitalen Zwilling durchgeführt werden. Die mathematischen Modelle sind heute so genau, dass die Ergebnisse auch bei transienten Vorgängen nur minimal von den später gemessenen Werten abweichen. Werden neue Betriebsmittel oder Regelungsverfahren eingesetzt, so werden deren Auswirkungen auf das Netzgeschehen zunächst anhand von Berechnungen mit Benchmarknetzen überprüft. Benchmarknetze sind international anerkannte Standardnetzstrukturen, für die sowohl alle Daten offen verfügbar sind als auch Ergebnisse für Standardberechnungen vorliegen. Werden den Benchmarknetzen neue Elemente hinzugefügt, so kann auch deren Einfluss auf das Netzverhalten überprüft werden. Die meisten der zahlreichen Benchmarks werden von internationalen Organisationen wie IEEE oder CIGRE herausgegeben [25, 26].

Die Planung des Stromnetzes erfolgt in der Regel in folgenden Schritten:

- Am Anfang steht die Grundlagenermittlung durch eine Bedarfsanalyse (1). Analysiert werden der heutige und zukünftige Strombedarf (z. B. Bedarfserhöhung durch Wärmepumpen oder E-Mobilität) und die Möglichkeiten, diesen durch neue Erzeugung (z. B. Wind- oder Solarparks) zu decken.
- Dazu werden entsprechende Daten über zukünftige Verbraucher und Erzeuger für die Szenarien gesammelt (2).
- Nun können die digitalen Modelle (digitaler Zwilling) für die Szenarien erstellt werden (3).
- Anschließend werden Lastflussberechnungen (4) durchgeführt, um Engpässe und Überlastungen zu ermitteln. Aufgrund dieser Berechnung wird auch die Anzahl der Szenarien in den meisten Fällen reduziert.
- Die Auswertung der Ergebnisse der Auslastungen führt zu Bewertungen, ob eine Optimierung, Verstärkung oder ein Ausbau des Netzes notwendig ist (NOVA-Prinzip). Daraus resultierende, neue Szenarien werden erneut berechnet und bewertet, wobei neben technischen Kriterien auch die Kosten berücksichtigt werden. Dies erfordert eine vertiefte Analyse der Szenarien und die Planung konkreter Maßnahmen (5), die auch

die Auswahl von Betriebsmitteln ermöglichen soll (z. B. durch Überprüfung der Kurz-schlussfestigkeit, was aus den Kurzschlussberechnungen für die Szenarien möglich ist).

- Daran schließt sich das Genehmigungsverfahren an (6). Für die endgültig ausgewählten Szenerien erfolgen behördliche Genehmigungen, eine Umweltverträglichkeitsprüfung, eine Öffentlichkeitsbeteiligung. sowie eine Prüfung durch die Bundesnetzagentur (BNetzA).
- Erst dann kann die Umsetzung (7) mit Zeitplänen und Meilensteinen erfolgen.

Da der gesamte Prozess von der Planung bis zur Fertigstellung der Investition mehrere Jahre dauert, werden die Netzpläne immer zehn Jahre im Voraus erstellt.

Die nationalen Pläne, die Ergebnisse der NEP, fließen in die europäischen Netzent-wicklungspläne ein. Das ist notwendig, weil das europäische Netz zusammenwächst und einen Energiemarkt bildet. So hat ENTSO-E auch eine fortlaufende Netzplanung gemacht und erstellt den sogenannten Ten Year Network Development Plan (TYNDP). Dieser wird dann auf der Internetseite https://tyndp.entsoe.eu/about veröffentlicht und ist für die euro-päischen ÜNB verbindlich. Aktuell sind dort die geplanten Entwicklungen z. B. für das Jahr 2030 mit dem ambitionierten Plan einer 55 %igen Reduktion der Treibhausgase zu sehen.

1.3   Netzbetrieb

1.3.1   Normalbetrieb/Nennbetrieb

Um das Stromnetz betreiben zu können, müssen bestimmte technische Voraussetzun-gen erfüllt sein. Im Wesentlichen handelt es sich dabei um die Bereitstellung von Systemdienstleistungen (SDL), die für den Netzbetrieb notwendig sind. Dazu gehört:

1. Die Kraftwerke müssen eingeschaltet sein (das Hochfahren eines Kraftwerks benötigt je nach Technologie eine gewisse Zeit, von Stunden [Tagen] bei Kohlekraftwerken bis zu Minuten bei Gaskraftwerken).
2. Die Netzfrequenz muss 50 Hz mit einer Toleranz von $\pm 0{,}2$ Hz betragen (SDL „Frequenzregelung").
3. Die Spannungen im Netz müssen auf das Nennspannungsniveau angehoben und gehal-ten werden. Die Niederspannungsebenen und Abweichungstoleranzen sind in der Norm EN 50160 (international in IEC 60038) mit 230 V ± 10 % definiert. In höheren Spannungsebenen sind die Nennspannungen entsprechend den Betriebsanweisungen zu halten. Generell soll der Spannungsabfall jedoch maximal 5 % der Nennspannung betragen (SDL „Spannungshaltung").
4. Der Betriebsstrom darf den Nennstrom der Betriebsmittel nicht überschreiten.

Wenn die oben genannten Bedingungen im Netz vorhanden sind, ist eine sichere und normgerechte Versorgung der Verbraucher möglich. Steigt die Belastung im Netz an, greifen verschiedene Regelmechanismen, um die Netzparameter in den vom Grid Code vorgesehenen Bereichen zu führen und damit einen stabilen Netzbetrieb aufrecht zu erhalten.

Die Führungsgröße im Netz ist die Frequenz. Die physikalischen Eigenschaften eines Generators führen dazu, dass seine Drehzahl bei steigender Belastung sinkt, was sich in einer sinkenden Netzfrequenz manifestiert. Die entsprechenden Regler greifen dann ein und erhöhen die Leistungsabgabe der Turbine, bis das Gleichgewicht zwischen Bedarf und Angebot wiederhergestellt ist. Dies äußert sich in der Aufrechterhaltung der Frequenz von 50 Hz. Steigt umgekehrt die Frequenz über 50 Hz, bedeutet dies, dass die Turbine mit zu hoher Leistung angetrieben wird. Entsprechende Regler reduzieren die zugeführte Energie, die Netzfrequenz sinkt bis auf 50 Hz.

Die Spannung ändert sich auch mit der Belastung des Netzes. Steigt die Last im Netz, sinkt die Spannung, da durch den Stromfluss ein zusätzlicher Spannungsabfall an den Übertragungselementen (Kabel, Freileitungen) entsteht. Um diesen auszugleichen, kann die Spannung im Netzknoten mithilfe von Stufenschaltern an den Transformatoren nachgeregelt werden.

In Abb. 1.8 ist die Energiebilanz im Smart Grid als eine Waage schematisch dargestellt.

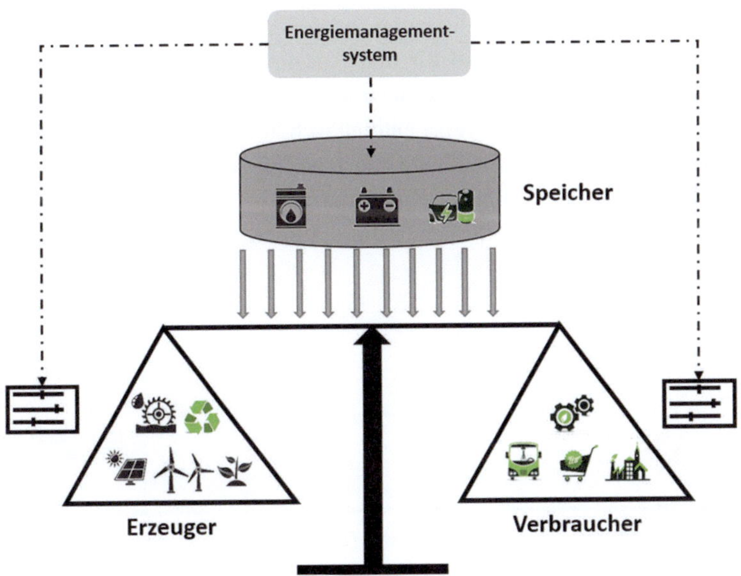

Abb. 1.8 Schematische Darstellung der Energiebilanzierung im Smart Grid mit DMS-gesteuerten Flexibilitätsoptionen. (Quelle für Icons: stock.adobe.com)

Auf der rechten Waagschale (Abb. 1.8) befinden sich die Verbraucher, auf der linken die Erzeuger. Wenn sich die Waage zu einem bestimmten Zeitpunkt im Gleichgewicht befindet (Energiebilanz = 0), wird der Arm die Waage in eine senkrechte Position bringen. Sobald dieses Gleichgewicht durch Änderungen in der Erzeugung (z. B. witterungsbedingt) oder durch Änderungen im Verbrauch (z. B. Abschalten von Verbrauchern) gestört wird, muss das Gleichgewicht durch Gegenmaßnahmen wiederhergestellt werden. Mögliche Gegenmaßnahmen sind

- Anpassung (Reduktion oder Erhöhung) der momentanen Verbraucher/Erzeugerzusammensetzung (symbolisiert durch die Schieberegler in Abb. 1.8),
- Einsatz von Speichern (wenn die Erzeugung zu hoch ist, sollten die Speicher geladen werden, im umgekehrten Fall sollte der fehlende Strom aus dem Speicher entnommen werden).

Diese Maßnahmen können automatisch erfolgen und werden, solange das Gleichgewicht innerhalb der normativ zulässigen Grenzen bleibt, als präventiv angesehen. Wenn das Gleichgewicht stärker beeinflusst wird, müssen kurative Maßnahmen ergriffen werden.

Frequenzregelung im Netz stabilisiert die Netzfrequenz (z. B. 50 Hz in Europa) durch Ausgleich von Erzeugung und Verbrauch. In Abb. 1.9 ist die methodische Vorgabe für die Nutzung der unterschiedlichen Regelungsarten grafisch dargestellt.

Einer Frequenzabweichung wirkt der Turbinen-Generator-Satz aufgrund seiner Massenträgheit zunächst entgegen. Da die in der rotierenden Masse gespeicherte Energie aber vergleichsweise sehr gering ist und für den Ausgleich nur für wenige Sekunden ausreicht, muss fast sofort (innerhalb von Sekunden) die Primärregelung aktiviert werden. Diese passt die Leistung der Kraftwerke automatisch, meist mithilfe eines PID-Reglers, an die Frequenzabweichungen an. Liegt eine konstante Frequenzabweichung vor, wird diese durch die Sekundärregelung (minutenschnell) ausgeglichen, während die Tertiärregelung (stundenschnell) das Gleichgewicht langfristig optimiert.

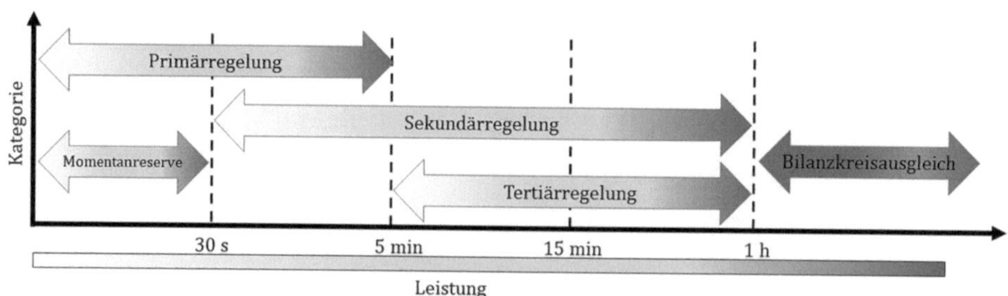

Abb. 1.9 Regelung im Smart Grid im Normalbetrieb

Neben der Wirkleistungsregelung, deren Rolle im Nennbetrieb des Netzes oben kurz beschrieben wurde, muss auch der Blindleistungshaushalt bei der Netzführung berücksichtigt werden. Blindleistung entsteht durch den Stromfluss über induktive (z. B. Freileitungen) oder kapazitive (z. B. Erdkabel) Netzelemente. Die Blindleistung soll am Ort ihrer Entstehung kompensiert werden. So wird z. B. durch die Erregungsregelung der Generatoren die Möglichkeit geschaffen, Blindleistung in das Übertragungsnetz abzugeben (übererregter Zustand) bzw. überschüssige Blindleistung aufzunehmen (untererregter Zustand). Durch elektronisches oder mechanisches Zuschalten von Kondensatoren oder Spulen kann der Blindleistungshaushalt lokal koordiniert werden. Zusätzlich werden gesteuerte Blindleistungskompensatoren (SVC) eingesetzt. In schwachen Netzen kann eine unzureichende Blindleistungskompensation zu Spannungsproblemen (bis hin zum Spannungseinbruch) führen. Die Blindleistungskompensation sollte mit der Stufenschaltersteuerung der Transformatoren im Netz koordiniert werden.

In Smart Grids, die durch einen hohen Anteil regenerativer Erzeuger im Netz gekennzeichnet sind, spielt zusätzliche, neue Flexibilität im Netz eine wichtige Rolle.

Flexibilität im Stromnetz wird durch Regelwerke wie § 14a EnWG und § 9 EEG gefordert, sodass eine intelligente Steuerung von Verbrauchern, Erzeugern und Speichern (z. B. HEMS) erforderlich ist. Eine auch als Redispatch 2.0 bezeichnete Richtlinie (siehe auch Kap. 3) regelt das Netzengpassmanagement durch planbare Maßnahmen. Netzausbau und Digitalisierung sind aber auch notwendig, um dezentrale Flexibilitäten wie Batteriespeicher, DSM-Systeme (z. B. mit Ladestationen für Elektroautos) zu integrieren. Marktbasierte Lösungen und einheitliche Schnittstellen (z. B. SmartGridready) optimieren die Koordination.

▶ **Definition 1.4 – Flexibilität**
Gemäß Definition nach DIN SPEC 91366 beschreibt Flexibilität im Kontext von Energiesystemkomponenten

„die Fähigkeit einer energie- bzw. leistungsrelevanten Erzeuger-, Verbraucher- oder Speicheranlage, sich schnell und mit geringem Aufwand an Markt- oder Systemsignale des Energiesektors anzupassen."

Auf der Erzeugungsseite kann auf langjährige Erfahrungen zurückgegriffen werden, da das elektrische Energiesystem schon immer verbrauchsorientiert gesteuert wurde. Neu ist hingegen die Notwendigkeit der Flexibilisierung der Verbrauchsseite. Hier wurden vergleichsweise große Potenziale identifiziert, die zukünftig erschlossen werden können [4].

In diesem Bereich adressiert der VDE Flexibilität folgende Bereiche: Demand Side Response (DSR), Demand Side Management (DSM), Demand Side Integration (DSI).

▶ **Definition 1.5 – DRS/DMS/DSI**

Demand Side Response (DSR) als System verursacht die direkte (kurzzeitige) Reaktion des Verbrauchers auf ein externes Anreizsignal, was mit der Erhöhung oder Reduktion der aktuellen Abnahmeleistung für einen bestimmten Zeitraum einhergeht. Daneben bewirkt **Demand Side Management (DSM)** die direkte Beeinflussung des lastseitigen Verbrauchs (von extern), z. B. durch den Einsatz von Fernwirktechnik. DSR und DSM werden zusammengefasst unter dem Begriff **Demand Side Integration (DSI)** geführt. Da viele Anschlussnehmer häufig nicht mehr nur Verbraucher, sondern auch gleichzeitig Erzeuger (Prosumer) sind, wird immer häufiger auch die Bezeichnung **Offer Side** ergänzt.

(Quelle: Internet)

1.3.2   Störbetrieb/Störungsfall

Wenn ein oder mehrere Netzparameter während des Netzbetriebs ihre Grenzen überschreiten, wird dies als Störung behandelt. Die Ursachen für die Verletzung der Parametergrenzen können unterschiedlicher Natur sein wie z. B. Naturereignisse, Cyberangriffe, Ausfall von elektrischen Anlagen etc. Störungen können lokal oder global auftreten und zur Verletzung eines oder mehrerer Netzparameter führen. Um diese Störung zu beheben, werden Abhilfemaßnahmen eingeleitet, die grundsätzlich in verschiedenen Regelwerken standardisiert beschrieben sind. Nachfolgend werden einige der Störfälle unter dem Gesichtspunkt der Parametergrenzverletzung einschließlich der Maßnahmen zur Beseitigung dieser Störung beschrieben.

Störung der Frequenz

Die Netzfrequenz schwankt im Normalbetrieb um 50 Hz, was im Wesentlichen mit den Bedarfsschwankungen zusammenhängt. Kleinere Abweichungen werden durch die Trägheit der Erzeugungsanlagen ausgeglichen. Bei größeren Frequenzabweichungen (Frequenz sinkt unter 49,8 Hz) werden die Leistungsreserven der Kraftwerke genutzt. Reichen diese nicht aus und die Frequenz sinkt unter 49 Hz, wird gemäß EU-Richtlinie der sogenannte Lastabwurf aktiviert. Dieser soll in sechs bis zehn Stufen die Last in jeder Regelzone um bis zu 45 % reduzieren, wobei die einzelnen Stufen maximal 10 % betragen dürfen. Ab einer Frequenz von 47,5 Hz werden die Kraftwerke vom Netz getrennt, was zu einer Inselbildung führen kann. Ein normaler Netzbetrieb muss durch den Netzwiederaufbau wiederhergestellt werden.

Zur Veranschaulichung wird der Frequenz-Leistungs-Kopplungskoeffizient eingeführt, der die fehlende Leistung in GW pro Hz beschreibt. Dieser beträgt im europäischen Verbundnetz ca. 15 GW, d. h., 0,2 Hz entsprechen einer Leistung von 3 GW, was einen Referenzfall darstellt (z. B. Ausfall von zwei großen Kraftwerksblöcken).

Steigt die Netzfrequenz über 50 Hz, müssen die Kraftwerke ihre Einspeiseleistung reduzieren. Da der Anstieg der Netzfrequenz im Smart Grid meist durch die Einspeisung der PV-Anlagen verursacht wird, reduziert ein Großteil der PV-Anlagen ab einer Frequenz von 50,2 Hz seine Wirkleistung linear, meist durch Teilabschaltungen. Ab einer Überfrequenz von 51,5 Hz sollte eine vollständige Trennung der PV-Anlagen vom Netz erfolgen.

Die Energienetzbetreiber in Deutschland halten im Normalfall ca. 7 GW positive Leistung und 5,5 GW negative Leistung als Reserve vor.

Die starke Abhängigkeit der Erzeugung von den Wetterbedingungen im Smart Grid hat zu zwei neuen kritischen Betriebszuständen geführt: Dunkelflaute (Definition 1.6) und Überfrequenz (Definition 1.7). Diese sind inzwischen gut beherrschbar.

▶ **Definition 1.6 – Dunkelflaute**
Die Dunkelflaute beschreibt eine länger andauernde Wetterlage (einige Stunden bis Tage), bei der sowohl Solar- als auch Windkraftanlagen in ihrer Stromerzeugung beeinträchtigt sind. Bedeckter Himmel und wenig Wind sind in Deutschland charakteristisch für die Wintermonate, in denen kalte Luft nach Osten strömt.

In solchen Zeiten müssen Backup-Kraftwerke eingesetzt werden, um den normalen Betrieb des Smart Grids zu gewährleisten.

Definition 1.7 – Überfrequenz
Die dauerhafte Überfrequenz tritt auf, wenn die Energie grundsätzlich aus Solaranlagen gewonnen wird. Da diese nur begrenzt regelbar sind, kann es zu einer Erhöhung der Frequenz auf bis zu 51 Hz kommen.

Die Beseitigung dieser Störung wird durch die stufenweise Abschaltung der Solaranlagen erreicht.

Störung der Spannung
Während Frequenzstörungen globalen Charakter haben, sind Spannungsstörungen lokaler Natur. Sie können durch eine zu hohe Belastung des lokalen Netzes verursacht werden. Der durch den Stromfluss verursachte Spannungsabfall in den Übertragungsanlagen (Kabel, Freileitungen) kann durch die Einstellung der Stufenschalter an den Netztransformatoren kompensiert werden (siehe auch Kap. 2). Eine weitere Ursache für einen zu hohen Spannungsabfall kann die nicht kompensierte Blindleistung sein. Hier kommen Blindleistungskompensatoren zum Einsatz. Im Smart Grid sind auch große PV-Anlagen bzw. Batteriespeicher in der Lage, dem Netz Blindleistung zur Verfügung zu stellen.

Eine zu niedrige Spannung kann die Funktion von Anlagen im Netz beeinträchtigen (z. B. Elektromotoren können ihre Nennleistung nicht erreichen). Ein Spannungsabfall von mehr als 20 % kann zum Zusammenbruch des lokalen Netzes führen.

Hohe Überspannungen können dagegen durch eine beschädigte Isolation die Betriebsmittel im Netz zerstören. Sie entstehen im Netz meist durch Blitzeinschläge oder Schaltvorgänge.

Gegen Überspannungen werden grundsätzlich vorbeugende Maßnahmen getroffen. Der Blitzschutz fasst die entsprechenden direkten und indirekten Maßnahmen zusammen. Zu den direkten Maßnahmen gehören Ableitungen und Erdungen. Dadurch wird eine geordnete Ableitung der Blitzenergie ins Erdreich ermöglicht und wichtige elektrische Freilufteinrichtungen werden geschützt. Dies betrifft in erster Linie Schaltanlagen und Freileitungen (Abb. 1.10) mit empfindlichen Anlagen wie z. B. Transformatoren und Wandlern. Eine Vielzahl von Fangstangen und Blitzschutzseilen bilden die Schutzzonen um diese Objekte. Die Norm DIN EN 62305 (VDE 0185-305) definiert nicht nur fünf solcher Zonen, sondern beschreibt auch die Maßnahmen, die in diesen Zonen zu ergreifen sind, um die Sicherheit der Anlagen zu gewährleisten.

Zu den indirekten Maßnahmen gehören die Ableiter. Sie schützen nicht nur vor Überspannungen, die durch Blitzschlag entstehen, sondern auch vor allen Überspannungen, die sich über Leitungen ausbreiten. Hier kommen meist Funkenstrecken oder Varistoren zum

Abb 1.10 Blitzanschlag in die Freileitungslinie. (Quelle: stock.adobe.com/Tobias Krech)

Einsatz. Der Varistor besteht aus mehreren Scheiben aus Zinkoxid, die sich durch eine nichtlineare Spannungswiderstandskennlinie auszeichnen. Beim schnellen Spannungsabfall halten sie zunächst einen hohen Widerstand und erst nach Überschreiten des Grenzwerts fällt dieser Widerstand schnell ab. Dadurch wird die Überspannungsenergie abgebaut und die nachgeschalteten Geräte werden geschützt.

Da die Anzahl der Überspannungen zunimmt, sind Maßnahmen zum Überspannungsschutz, auch Isolationskoordination genannt, für Netzstationen vorgeschrieben. Die Planung dieser Maßnahmen ist in der Norm IEC 600-71 beschrieben.

Störung durch Überstrom

Die häufigste Ursache für Störungen im Smart Grid sind zu hohe Ströme. Man unterscheidet zwischen Überlaststrom und Kurzschlussstrom. Der Überlaststrom ist der Strom, der über dem Nennstrom eines Betriebsmittels liegt, aber nicht sofort zu dessen Zerstörung führt. Der Überlaststrom nimmt meistens Werte zwischen 1 und 1,3 des Nennstroms an. Die Abschaltzeit solcher Überströme kann einige Minuten betragen und hängt von den thermischen Eigenschaften der Anlage ab.

Der Kurzschlussstrom hingegen hat einen Wert von mehreren I_n und muss in kürzester Zeit abgeschaltet werden. Die Erkennung des Stromwerts und die Auslösung des Abschaltbefehls obliegt dem Netzschutzgerät. Es gibt verschiedene Schutzgeräte, die sich nicht nur an bestimmte Anlagen richten (z. B. Transformatorschutz, Sammelschienenschutz), sondern auch bestimmte Fehler erkennen und deren Ortung ermöglichen (z. B. Differenzialschutz, Distanzschutz). Mehr zu den Grundlagen der Schutztechnik, die heute voll digitalisiert ist, findet sich in Kap. 2.

Die Kurzschlussstromberechnung ist eine wichtige Teilaufgabe bei der Netzplanung. Ausgehend von einem Netzschaltplan wird zunächst ein Ersatzschaltbild des Netzes erstellt. Die Parameter der Elemente des Ersatzschaltbilds werden mithilfe von Anlagenparametern bestimmt. Der errechnete Wert des Kurzschlussstroms in Netzknoten dient zur Auswahl der in diesem Knoten befindlichen Betriebsmittel. Diese müssen eine Kurzschlussfestigkeit aufweisen, die größer als der berechnete Kurzschlussstrom ist.

Die Berechnung der Kurzschlussströme ist in der Norm VDE 0102 [27] standardisiert. Diese Norm unterscheidet verschiedene Parameter, die den Kurzschlussstrom charakterisieren, und schlägt auch genormte Verfahren zu seiner Berechnung vor. Das Beispiel 1.3 zeigt die häufig durchgeführte Berechnung des Anfangskurzschlusswechselstroms.

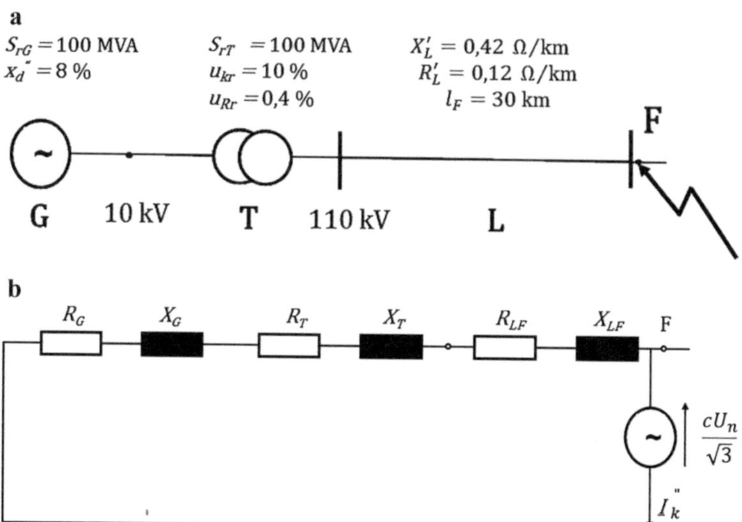

Abb 1.11 Netzschaltplan und Ersatzschaltbild für das Beispielnetz

Beispiel 1.3 – Berechnung eines Anfangskurzschlusswechselstroms in einem 110-kV-Testnetz

Berechnungen zur Abb. 1.11 [27, 28] sind in Gl. 1.11–1.20 gegeben.

Generator: $X_G = X_d'' = \dfrac{x_d''}{100\,\%} \cdot \dfrac{U_{rG}^2}{S_{rG}} = \dfrac{8\,\%}{100\,\%} \cdot \dfrac{10^2 V^2}{100\,MVA} \cdot \left(\dfrac{110V}{10V}\right)^2 \Omega = 9{,}7\,\Omega$	(1.11)
$R_G = 0{,}05 \cdot X_d'' = 0{,}05 \cdot 9{,}7\,\Omega = 0{,}5\,\Omega$	(1.12)
Transformator: $Z_T = \dfrac{u_{kr}}{100\,\%} \cdot \dfrac{U_{rT}^2}{S_{rT}} = \dfrac{10\%}{100\,\%} \cdot \dfrac{110^2 V^2}{100\,MVA} \cdot \Omega = 12{,}1\,\Omega$	(1.13)
$R_T = \dfrac{u_{Rr}}{100\,\%} \cdot \dfrac{U_{rT}^2}{S_{rT}} = \dfrac{0{,}4\,\%}{100\,\%} \cdot \dfrac{110^2\,kV^2}{100\,MVA} = 0{,}5$	(1.14)
$X_T = \sqrt{Z_T^2 - R_T^2} = \sqrt{(12{,}1^2 - 0{,}5^2)\Omega^2} = 12{,}1\,\Omega$ Der Korrekturfaktor des Kraftwerksblocks ist vernachlässigt	(1.15)
Linie: $X_{LF} = X_{L'} * l_F = 0{,}42\,\Omega/km \cdot 30\,km = 12{,}6\,\Omega$	(1.16)
$R_{LF} = R_{L'} * l_F = 0{,}12\Omega/km \cdot 30\,km = 3{,}6\,\Omega$	(1.17)
Kurzschlussimpedanz: $X_k = X_G + X_T + X_{LF} = 9{,}7\,\Omega + 12{,}1\,\Omega + 12{,}6\,\Omega = 34{,}4\,\Omega$	(1.18)
$R_k = R_G + R_T + R_{LF} = 0{,}5\,\Omega + 0{,}5\,\Omega + 3{,}6\,\Omega = 4{,}6\,\Omega$	(1.19)

(Fortsetzung)

(Fortsetzung)

$Z_k = \sqrt{X_k^2 + R_k^2} = \sqrt{(34{,}4^2 + 4{,}6^2)\Omega^2} = 34{,}8\,\Omega$	(1.20)
Dreipoliger Anfangs-Kurzschlusswechselstrom $I_k'' = \dfrac{1{,}1 \cdot U_n}{\sqrt{3} \cdot Z_k} = \dfrac{1{,}1 \cdot 110\,kV}{\sqrt{3} \cdot 34{,}8\,\Omega} = 2{,}0\,kA$	(1.21)

Das Beispiel 1.3 behandelt das Strahlennetz. In vermaschten Netzen, insbesondere mit leistungselektronischen Elementen (z. B. bei Wind- oder Solareinspeisung), sind die Berechnungen der Kurzschlussströme komplizierter [29].

Störungen im IKT

Die IKT als Teilsystem trägt auch zur zuverlässigen Funktion des Smart Grids bei. Die heutigen elektronischen Steuer- und Übertragungsgeräte sind sehr zuverlässig und verfügen über unterschiedliche Selbsttest- und Selbstheilungsroutinen. Oft sind sie nach dem (n − 1)-Kriterium installiert und nutzen in der Regel Internetprotokolle, was die Sicherheit der Informationsübertragung wesentlich erhöht. An allen Stationen gibt es ein Backup für die Einspeisung der sekundären Technik in Form von Batterien.

Nichtsdestotrotz fallen solche Geräte manchmal aufgrund interner Fehler aus, nicht selten auch aufgrund von Cyberattacken. In solchen Fällen schaltet das Smart Grid in einen alten Betriebsmodus um, der durch physikalische Prinzipien geleitet wird. Ein optimaler Betrieb ist dann nicht mehr gewährleistet, aber die Grundfunktionen bleiben erhalten. Die Kunden werden in der Regel mit elektrischer Energie versorgt. Als Beweis dafür können die Werte des Parameters SAIDI (Unterbrechungszeit pro Kunde und Jahr) für die deutschen Netze herangezogen werden. Trotz des rasanten Anstiegs der Erzeugung aus erneuerbaren Energien und der Digitalisierung hat sich dieser Wert sogar leicht verbessert.

Fragen zu Kap. 1

A) Welches Element des Smart Grid ist für die Führung des Stroms verantwortlich?
   a) Kommunikationsnetz
   b) Stromnetz
   c) Generatoren

B) Welche der Parameter des Stromnetzes kann man bei normalem Betrieb als konstant betrachten?
   a) Strom
   b) Spannung

  c) Blindleistung

C) SAIDI ist ein Parameter, der beschreibt
  a) Die Länge des ländlichen Stromnetzes.
  b) Die Belastbarkeit des Stromnetzes.
  c) Die mittlere Unterbrechungsdauer.

D) 1 kWh ist gleich
  a) 1 kJ
  b) 1 000 kJ
  c) 3 600 kJ

E) Wann tritt im deutschen Stromnetz die Spitzenlast im Sommer auf?
  a) um etwa 12 Uhr.
  b) um etwa 18 Uhr.
  c) um etwa 20 Uhr.

F) Die Nennspannung von 20 kV ist charakteristisch in Deutschland für
  a) Bahnstromnetz
  b) Verteilungsnetz
  c) Übertragungsnetz

G) In einem Ersatzschaltbild werden die Anlagen ersetzt durch
  a) Icons
  b) Grafische Darstellung der Anlagen
  c) Symbole der elektrotechnischen Bauelemente

H) IEC 61850 ist grundsätzlich
  a) Ein Datenprotokoll für die Netzstation
  b) Ein Internetprotokoll.
  c) Eine objektorientierte Datenbank

I) Mapping ist ein Prozess, der erlaubt
  a) Kommunikation zwischen Datenprotokollen.
  b) Feststellung von Verschaltungen einer Netzstation.
  c) Festlegung von Einstellungen der digitalen Schutzgeräte.

J) Künstliche Intelligenz ist
  a) Ein Begriff aus der Spieletheorie.
  b) Eine Methode, um menschliche Fähigkeiten zu imitieren.
  c) Ein Programm, um menschliche Entscheidungen nachzuprüfen.

K) Durch Inferenz können
  a) Regeln in einem KI-System bearbeitet werden.
  b) Daten in einem KI-System gesehen werden.
  c) Lösungen in einem KI-System optimiert werden.

L) (n-1) - Sicherheit bedeutet, dass
  a) die Anlage nicht ausfallen darf.
  b) das Netz unsicher ist.
  c) bei Ausfall einer Anlage eine andere seine Funktion übernimmt.

M) Mit welchem Zeithorizont werden die konkreten Pläne für das Smart Grid gemacht?

   a) 1 Jahr

   b) 10 Jahre

   c) 40 Jahre

N) Der Kurzschlussstrom übersteigt der Nennstrom um

   a) Das 2 -fache und mehr

   b) 20 %

   c) 10 %

Lösungen: 1b, 2b, 3c, 4c, 5a, 6b,7c, 8a, 9a, 10b, 11a, 12c, 13b, 14a

Literatur

1. European Commission: Directorate-General for Research and Innovation, *European Smart-Grids Technology Platform – Vision and strategy for Europe's electricity networks of the future*, Publications Office, 2006.
2. Buchholz B M, Styczynski Z A (2021) Smart Grid Fundamentals and Technologies in Electric Power Systems of the future Springer Berlin. ISBN 978-3-662-60932-3.
3. Komarnicki P, Kranhold M, Styczynski Z A (2023) Gesamtenergiesystem der Zukunft (GES) Sektorenkopplung durch Strom und Wasserstoff Springer Vieweg Wiesbaden ISBN 978-3-658-42815-0.
4. Komarnicki P, Kranhold M, Styczynski Z A (2021) Sektorenkopplung – Energetisch-nachhaltige Wirtschaft der Zukunft Grundlagen, Modell und Planungsbeispiel eines Gesamtenergiesystems (GES) Springer Wiesbaden ISBN 978-3-658-33558-8.
5. EU DSO Entity's (2025) Technical Vision. Flagship Project. extension:// efaidnbmnnnibpcajpcglclefindmkaj/https://eudsoentity.eu/wp-content/uploads/2025/01/Tec hnical-Vision-2024-Final-report-.pdf. Abgerufen 21.05.2025.
6. Verbraucherunterbrechung je Stromverbraucher in Deutschland (2025) Statista.
7. Oeding D, Oswald B R (2016) Elektrische Kraftwerke und Netze. Springer Vieweg Wiesbaden. ISBN 978-3-662-52702-3.
8. Statistisches Bundesamt (2025) Energieerzeugung. https://www.destatis.de/DE/Themen/Bra nchen-Unternehmen/Energie/Erzeugung/_inhalt.html. Abgerufen 27.05.2025.
9. Next Kraftwerk (2025) Was ist ein Virtuelles Kraftwerk? https://www.next-kraftwerke.de/wis sen/virtuelles-kraftwerk. Abgerufen 13.05.2025.
10. Next Kraftwerk (2025) Was ist das (N-1)-Kriterium im Stromnetz? https://www.next-kraftw erke.de/wissen/n-1-kriterium. Abgerufen 21.05.2025.
11. Rudion K, Orths A, Eriksen P, Styczynski Z (2010) Toward a benchmark test system for the offshore grid in the Nord See. IEEE GM 2010.
12. Kopatsch S, Kopatsch G, Hrsg. (2020) Schaltanlagen-Handbuch ABB (Hitachi Energy). Mannheim.
13. Wikipedia (2025) Stromnetz. https://de.wikipedia.org/wiki/Stromnetz. Abgerufen 15.05.2025.
14. NEP kompakt (2023) Netzentwicklungsplan Strom 2037. 1. Entwurf. https://www.netzen twicklungsplan.de/sites/default/files/2023-03/NEP%20kompakt_2037_2045_V2023_1E.pdf. Abgerufen 16.05.2025.

15. Statistisches Bundesamt (2025) Bruttostromerzeugung in Deutschland. https://www.destatis.de/DE/Themen/Branchen-Unternehmen/Energie/Erzeugung/Tabellen/bruttostromerzeugung.html. Abgerufen 16.05.2025.

16. Energy-Charts (2025) Installierte Netto-Leistung zur Stromerzeugung in Deutschland in 2024. https://www.energy-charts.info/charts/installed_power/chart.htm?l=de&c=DE&year=2024&legendItems=0wd. Abgerufen 16.05.2025.

17. Komarnicki P, Haubrock J, Styczynski Z A (2020) Elektromobilität und Sektorenkopplung Infrastruktur- und Systemkomponenten Springer Vieweg Berlin, Heidelberg ISBN 978-3-662-62035-9.

18. Bishop P, Nair N-K C Editors (2023) IEC 61850 Principles and Applications to Electric Power Systems. Springer Nature. Series CIGRE Green Books ISBN 978-3-031-24566-4.

19. Naumann A, Bielchev I, Voropai N, Styczynski Z (2014) Smart grid automation using IEC 61850 and CIM Standard. Control Engineering Practice 2014, 25(1), S. 102–111.

20. Europäisches Parlament (2023) Was ist künstliche Intelligenz und wie wird sie genutzt. https://www.europarl.europa.eu/topics/de/article/20200827STO85804/was-ist-kunstliche-intelligenz-und-wie-wird-sie-genutzt. Abgerufen 21.05.2025.

21. Naumann A (2011) Leitwarte in Smart Grid. Dissertation. Otto-von-Guericke Universität Magdeburg.

22. Styczynski Z A, Rudion K, Naumann A (2017) Einführung in Expertensysteme. Grundlagen, Anwendungen und Beispiele aus der elektrischen Energieversorgung. Springer Vieweg ISBN 978-3-662-53172-3.

23. Hallmann M, Peitracho R, Komarnicki P (2024) Comparison of Artificial Intelligence and Machine Learning Methods Used in Electric Power System Operation. Energies 2024, 17, 2790.

24. BNetzA (2025) Szeneriorahmen und Netzentwicklungsplan Strom. https://www.bundesnetzagentur.de/DE/Fachthemen/ElektrizitaetundGas/NEP/Strom/start.html. Abgerufen 23.05.2025.

25. Schäfer K F (2023) Netzberechnung. Springer – Fachmedia GmbH. ISBN 978-3-658-40877-0.

26. Rudion K, Ohrts A, Styczynski Z A, Strunz K (2006) Design of benchmark of medium voltage distribution network for investigation of DG integration IEEE General Meeting 2006, pp. 6.

27. VDE (1990) Berechnung von Kurzschlussströmen in Drehstrom. VDE 0102.

28. Balzer G (2024) Kurzschlussströme in Drehstromnetzen. Springer Vieweg. ISBN 978-3-658-43552-3.

29. Niersbach B (2023) Kurzschlussstromberechnung in aktiven Verteilnetzen mit Erzeugungsanlagen mit Vollumrichter. Dissertation TU Darmstadt. https://tuprints.ulb.tu-darmstadt.de/24436/1/2023-08-25_Niersbach_Benjamin.pdf.

Smart Grid 2

Inhaltsverzeichnis

2.1 Einleitung

Das Smart Grid besteht grundsätzlich aus technischen Anlagen (Betriebsmitteln), die in drei Kategorien eingeteilt werden können:

- Primärtechnik
- Sekundärtechnik
- Tertiärtechnik

Die zur Primärtechnik gehörenden Anlagen dienen dazu, elektrischen Strom zu erzeugen, zu übertragen, zu verteilen und zu wandeln. Diese werden unterteilt in: Erzeuger (u. a. Generatoren, Photovoltaikanlagen), Leitungen (u. a. Freileitungen und Kabel), Umspann- und Schaltanlagen (u. a. Sammelschienen, Transformatoren, Schalter), Verbraucher (u. a. Motoren, Heizgeräte, Beleuchtungen).

Die Primärtechnik befindet sich auf unterschiedlichen Spannungsebenen in einer Freiluft- bzw. gekapselten Ausführung und ist deshalb unterschiedlichen äußeren Einflüssen ausgesetzt.

Die Sekundärtechnik besteht aus Steuer-, Schutz- und Überwachungssystemen (z. B. Relais und Messgeräten), die die Primärtechnik regeln und sichern. Diese Anlagen sind, abgesehen von Messsensoren (wie z. B. Strom- und Spannungswandler), in gekapselten und gestützten Anlagen untergebracht.

Die Tertiärtechnik besteht aus zusätzlichen Systemen für Datenverarbeitung, Kommunikation und Schnittstellen (z. B. SCADA, Netzwerktechnik), die die Primär- und Sekundärtechnik vernetzen und überwachen.

Die wichtigsten Parameter, die bei der Auswahl der Primärtechnik berücksichtigt werden müssen, sind:

- Spannung: Die Bemessungsspannung der Anlage muss größer als die Nennspannung des Netzes sein.
- Leistung: Die Bemessungsleistung der Anlage muss größer als die erwartete Belastung sein.
- Kurzschlussleistung: Die Kurzschlussfestigkeit der Anlage muss die erwartete Kurzschlussleistung übersteigen.

So ist die Nennspannung für die Auswahl der Isolation entscheidend. Die Nennleistung entscheidet über die thermische Auslegung der Anlage.

Die Kurzschlussfestigkeit definiert sowohl die elektrische als auch die mechanische Festigkeit der Anlage. Die zu erwartenden Überspannungen müssen in der Isolationskoordination der Anlage berücksichtigt werden. Die Dauer des Kurzschlusses wird grundsätzlich durch die Schutzeinrichtungen bis 3 s begrenzt. Werden die Bemessungswerte der Betriebsparameter überschritten, kann es zu Beschädigungen der Anlagen kommen.

Neben diesen Parametern sind auch folgende Kriterien zu beachten:

- Umgebungsbedingungen (Temperatur, räumliche Verfügbarkeit, Brandschutz)
- Normen (IEC, DIN und andere Vorschriften)
- Kosten (Anschaffungs-, Betriebs- und Wartungskosten)

Die elektrischen Parameter von Anlagen und Netzen sind standardisiert und nehmen nicht beliebige Werte an. Dies betrifft die Spannung, die Frequenz, die Leistung, vgl. z. B. EN 50160, sowie die Querschnitte der Kabel und Freileitungen. Die Standardisierung der Parameter dient der Optimierung der Logistik innerhalb der Starkstromtechnik.

Zahlreiche Normen definieren die standardmäßigen Werte der Anlagenparameter. Die Nennspannung ist ein Identifikator für die Spannung eines Netzes oder einer Spannungsquelle (z. B. 230 V für Haushalte). Die Bemessungsspannung definiert dagegen die maximal zulässige Spannung, für die ein Betriebsmittel (z. B. Motor oder Schalter) ausgelegt ist. Sie ist höher als die Nennspannung (z. B. 250 V für Schaltelemente bei einem 230-V-Netz). So dienen die Nennwerte der Kennzeichnung und die Bemessungswerte der Parameter der technischen Spezifikation.

Alle Anlagenparameter unterliegen einer Kontrolle bei der Produktion bzw. später im laufenden Betrieb. Als Produkte unterliegen die Anlagen der Typprüfung bei Serienprodukten (z. B. kleine Motoren) bzw. der Einzelprüfung bei Großgeneratoren bzw. Großtransformatoren. Dazu werden auf einem Prüfstand die realen Bedingungen (z. B. Blitzstoß) simuliert, um die Einhaltung der vorgeschriebenen Grenzen zu bestätigen. Die vorgeschriebenen Prüfungen und Prüfverfahren sind in entsprechenden Normen festgeschrieben (z. B. für Leistungstransformatoren in IEC 60076).

Mithilfe eines digitalen Zwillings, der durch eine genaue mathematische Modellierung der Betriebsmittel erreicht wird, können die bei jedem Knoten des Netzes herrschenden Bedingungen im Normal- und Störbetrieb berechnet werden. Die Ergebnisse dieser Berechnungen bilden die Grundlage für die Auswahl der an diesem Knoten zu installierenden Betriebsmittel. Alle Bemessungswerte der technischen Parameter eines Betriebsmittels müssen die vor Ort herrschenden Werte übersteigen. Da es viele Produzenten der zu verwendenden Betriebsmittel gibt, sind auch weitere Merkmale für die Planungsentscheidungen relevant. Dazu gehören: Abmessungen, Zuverlässigkeit und Kosten. Je nach verfügbarem Platz können die Abmessungen ein wichtiger Auswahlparameter für die Anlage sein. Wenn eine Kompaktbauweise bevorzugt wird, kann dieses Argument gegenüber einer höheren Zuverlässigkeit bzw. höheren Kosten überwiegen.

Bezüglich der Betriebsmittel wird eine laufende Statistik über die Zuverlässigkeit geführt. Diese beinhalten Informationen darüber, wie viele Ausfälle pro Jahr bei der konkreten Ausführung der Anlage zu erwarten sind. Dies ist auch ein wichtiger Entscheidungsfaktor bei der Wahl des Produkts.

Letztendlich entscheiden aber die Kosten, die sich im geplanten Rahmen halten sollen, weshalb sie ein wichtiges Planungskriterium sind. Grundsätzlich werden die Beschaffungs- und Betriebskosten berücksichtigt, die oft im Rahmen einer diskontierten Rechnung (z. B. jährliche Kosten) in die Planung einfließen.

2.2 Energieerzeugung und Verbrauch

2.2.1 Erzeuger

Der Begriff „Erzeugung elektrischer Energie" hat sich für die Beschreibung der Entstehung dieser Energieform durchgesetzt. Tatsächlich kann keine Energie erzeugt werden, sondern unterschiedliche Energieformen entstehen durch Umwandlung. Als Primärenergie wurden hauptsächlich folgende betrachtet:

- Fossile Energien (u. a. Kohle, Gas, Öl)
- Kernenergie (u. a. Uran)
- Erneuerbare Energien (u. a. Wasser, Wind, Sonne, Biomasse)

Die Wandlungsprozesse, die zur Erzeugung der elektrischen Energie führen, finden in einem Kraftwerk statt, das aus unterschiedlichen technologischen Anlagen besteht. Die Wandlung von Primärenergie bis hin zu elektrischer Energie kann in mehreren Stufen erfolgen. Jede Wandlung ist mit Energieverlusten verbunden und wird durch den Wirkungsgrad des jeweiligen Wandlungsprozesses charakterisiert [1]. Der Wirkungsgrad ist das Verhältnis der Nutzungsenergie zur zugeführten Energie. Der Wirkungsgradwert wird in Prozent bzw. als normiert zu eins angegeben.

Besteht ein Energiewandlungsprozess aus mehreren Stufen, so bildet der Gesamtwirkungsgrad das Produkt der einzelnen Wirkungsgrade und kann mit der Gleichung 2.1 berechnet werden.

$$\vartheta_{ges} = \prod_{i=1}^{n} \vartheta_i \tag{2.1}$$

Um den Bedarf an elektrischer Energie abzudecken, werden in einem Smart Grid unterschiedliche Arten von Kraftwerken eingesetzt (siehe auch Kap. 1).

Grundlastkraftwerke liefern Strom rund um die Uhr und kommen deshalb auf bis zu 8000 h Arbeitszeit pro Jahr. Hier werden Kernkraftwerke und Kohlekraftwerke eingesetzt. Mittellastkraftwerke arbeiten um die 4000 h pro Jahr und liefern mehrere Stunden am Tag die Menge des Stroms, die als Ergänzung zum Grundlaststrom nötig ist. Die Spitzenlastkraftwerke liefern wenige Minuten pro Tag den restlichen maximalen Strom, der für die Deckung des Spitzenverbrauchs notwendig ist.

Heutzutage, wenn der mittlere Energiemix in Deutschland zu mehr als 50 % aus regenerativer Erzeugung besteht, werden die alten, oben genannten Funktionen der Kraftwerke durch flexiblen Betrieb und flexibles Handeln an der Börse ersetzt. So übernimmt die Solarstromerzeugung oft nicht nur die Rolle eines Spitzenkraftwerks in der Mittagsspitze, sondern deckt an sonnigen Tagen auch oft die Grund- und Mittellast. Das verlangt eine entsprechende Organisation des Energiehandels, die in Kap. 3 beschrieben wird.

Historisch gewachsen, bildeten und bilden bis heute thermische Kraftwerke das Rückgrat der weltweiten Energieversorgung. Thermische Kraftwerke wandeln die Wärme mithilfe von Dampfturbinen oder Gasturbinen in Strom um.

Es gibt verschiedene Arten von thermischen Kraftwerken. Unter anderem sind es

- fossile Kraftwerke (Kohlekraftwerke, Gaskraftwerke, Ölkraftwerke),
- Kernkraftwerke,
- regenerative Kraftwerke (Biomassekraftwerke, geothermische Kraftwerke, Müllkraftwerke, solarthermische Kraftwerke, Meereswärmekraftwerke).

Im Weiteren werden einige dieser Kraftwerke kurz beschrieben. Eine detaillierte Beschreibung zu dem Thema ist in der Vertiefungsliteratur [2–4] zu finden.

Die Wandlungsprozesse in thermischen Kraftwerken sind grundsätzlich vergleichbar. In Abb. 1.2 1.2 ist ein prinzipielles Schema eines thermischen Kohlekraftwerks zu finden.

Der Kreislauf eines Wärmekraftwerks besteht aus fünf Hauptelementen (Abb. 2.1):

Dampfkessel, Wärmequelle, Dampfturbine, Generator, Kondensator/Kühlung, Rohrleitungen.

Durch die Verbrennung fossiler Energieträger wird Wärme erzeugt, die an das Wasser abgegeben wird. Wasser verdampft, wobei die Temperatur und der Druck des Dampfs bis zu einem bestimmten Betriebswert erhöht wird. Der oft überhitzte Dampf ist der Energieträger, der zu den Dampfturbinen zugeführt wird und diese in Rotation versetzt. Um dem Dampf die Energie optimal zu entziehen, sind in großen Kraftwerken mehrere Dampfturbinen in einer Gruppe geschaltet. Diese unterteilen sich in Hoch-, Mittel- und

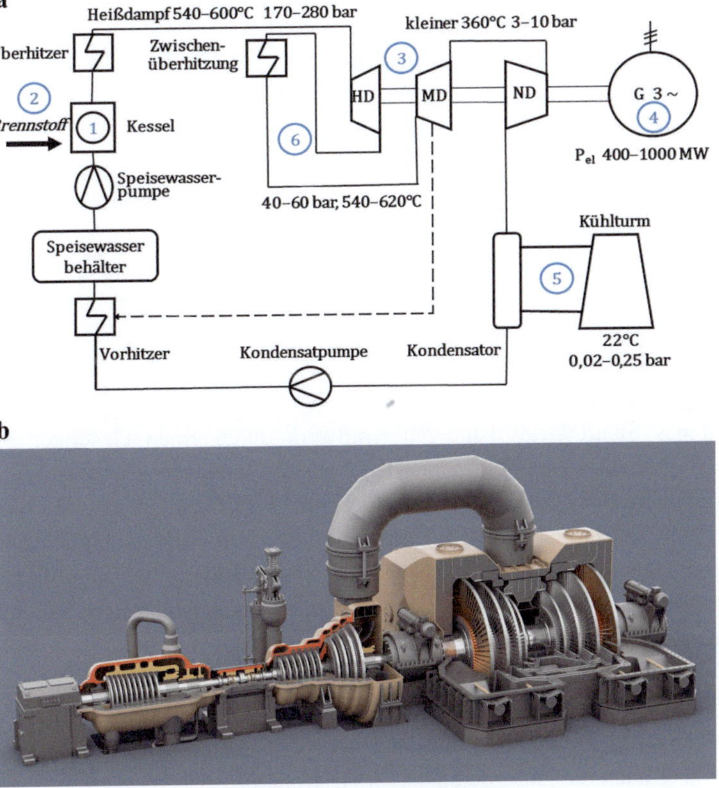

Abb. 2.1 Thermische Kraftwerke. a) Allgemeine Erzeugungsschema (eigene Darstellung). b) Dampfturbinensatz. (Quelle: stock.adobe.com/Filipp)

Niederdruckturbinen. Sie sind so konstruiert, dass jede Turbinenstufe die Energie des Dampfs, dessen Parameter sich von Stufe zu Stufe in Bezug auf Druck und Temperatur ändern, optimal entzieht. Solche Turbinenanlagen wandeln mit einem Wirkungsgrad von etwa 40 % die thermische Energie in kinetische Energie der Rotation um. Im Endeffekt erzeugt der Generator, der auf der gleichen Welle wie die Turbinen befestigt ist (wir sprechen über einen Turbogeneratorsatz), die elektrische Energie, die ins Netz abgegeben wird.

Der Wirkungsgrad thermischer Kraftwerke liegt insgesamt zwischen 35 und 60 %. Für Kohlekraftwerke ist ein Wirkungsgrad zwischen 35 und 45 % zu erwarten. Der Gesamtwirkungsgrad eines Kohlekraftwerks ist im Beispiel 2.1 berechnet.

Beispiel 2.1 - Berechnung des Gesamtwirkungsgrads der Anlage

Betrachtet man die Wandlungskette, so lassen sich für die einzelnen Wandlungsstufen folgende Wirkungsgrade berücksichtigen:

- *Verbrennungskessel: $\vartheta_{kes} = 95\,\%$ (Wärmeverluste)*
- *Verdampfer: $\vartheta_{ver} = 87\,\%$ (Wärmeverluste)*
- *Dampfturbinen: $\vartheta_{dtur} = 60\,\%$ (Wärme- und Reibungsverluste)*
- *Generator: $\vartheta_{gen} = 98\,\%$ (Wärme- und Reibungsverluste)*

Der Gesamtwirkungsgrad ist das Produkt der einzelnen oben genannten Werte und nach Gleichung (2.1) kann wie folgt berechnet werden:

$$\vartheta_{ges} = \vartheta_{kes} \cdot \vartheta_{ver} \cdot \vartheta_{dtur} \cdot \vartheta_{gen} = 0{,}95 \cdot 0{,}87 \cdot 0{,}60 \cdot 0{,}98 = 0{,}49 \blacktriangleleft$$

Synchrongeneratoren

Aus Sicht des Smart Grids kann ein Kraftwerk durch einen Generator repräsentiert werden. In großen, systemrelevanten Kraftwerken kommen grundsätzlich Synchrongeneratoren zum Einsatz. Da diese Betriebsmittel maßgeblich für den sicheren und normgerechten Netzbetrieb verantwortlich sind, indem sie Wirkleistung und Blindleistung regeln, die Spannung halten und die Netzfrequenz stabilisieren, wird ihre Funktionsweise im Folgenden genauer erläutert. Die unten stehenden Ausführungen können auch als allgemeine Regeln für den Netzbetrieb betrachtet werden.

Die Nennspannung eines Synchrongenerators wird in der Regel seiner Leistung angepasst. Einerseits bedeutet eine hohe Spannung kleinere Betriebsströme, wodurch sich die Verluste und somit auch der Kühlaufwand reduzieren. Andererseits steigen mit der Spannung aber auch die Anforderungen an die Isolation.

So werden abhängig von der Leistung der Generatoren folgende Nennspannungen benutzt (Richtwerte nach [2]):

- Bis zu 230 MVA: 10,5 kV
- 230–880 MVA: 21 kV
- 1200 MVA: 24 kV
- Über 1200 MVA: 27 kV

Die Nennströme (Stator) eines großen Synchrongenerators erreichen sehr hohe Werte und liegen zwischen 10 und 25 kA. Durch den Fluss solcher Ströme in den langen Wicklungen entstehen Verluste, die zu einer Erhitzung des Generators führen. Um einer thermischen Havarie vorzubeugen, müssen die Wicklungen gekühlt werden. Bei kleinen Leistungen bis zu 230 MVA ist die Kühlung mit Luft oder H_2 möglich, darüber hinaus müssen die Generatoren wassergekühlt werden. Besonders die Läuferkühlung ist mit technischen Problemen verbunden.

Die Drehzahl eines Synchrongenerators hängt von der Polpaarzahl p und der Netzfrequenz f ab und ist mit der Gleichung 2.1 gegeben.

$$n = \frac{60 \cdot f}{p} \tag{2.2}$$

wobei:

- n ist die Nenndrehzahl des Generators 1/min
- f ist die Frequenz des Netzes in Hz
- p die Polpaarzahl

Die Synchrongeneratoren werden als Vollpol (Turbogeneratoren) und Schenkelpol ausgeführt (Abb. 2.2). Turbogeneratoren, die durch eine Dampfturbine angetrieben werden, haben in der Regel 3000 bzw. 1500 U/min. Bei Laufwasserkraftwerken bzw. Windanlagen sind es 60–400 U/min, wofür mehrpolige Generatoren erforderlich sind.

Ein Synchrongenerator lässt sich mit Induktivität und Widerstand und einer Spannungsquelle in einem Ersatzschaltbild darstellen (Abb. 2.3 für einen Vollpolgenerator).

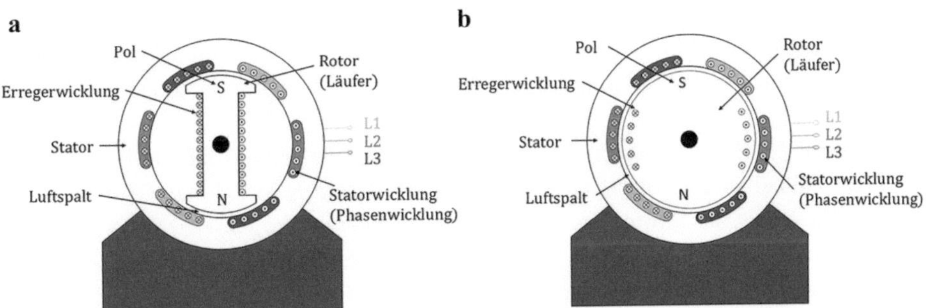

Abb. 2.2 Synchrongenerator. a) Vollpolgenerator. b) Schenkelpol

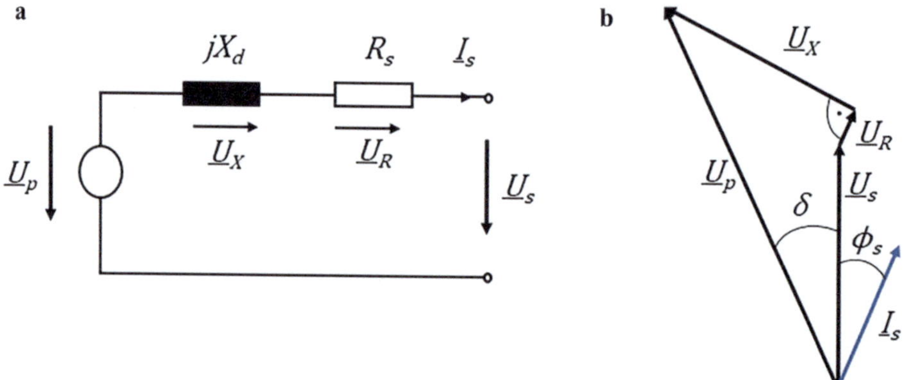

Abb. 2.3 Vollpolsynchronmaschine. a) Einsträngiges Ersatzschaltbild in EZS. b) Zugehöriges Zeigerdiagramm

Im stationären Zustand werden die Induktivität durch die Synchronreaktanz X_d, der Widerstand durch den Ständerwiderstand R_s und die Spannungsquelle durch die Polradspannung U_p nachgebildet. Die Ständerspannung U_s ist gleich der Nennspannung des Netzes.

Die Gl. 2.3 stellt den Zusammenhang der Spannungen aus dem Ersatzschaltbild im Erzeugungszählpfeilsystem (EZS) dar, das in Abb. 2.3a dargestellt ist.

$$-\underline{U}_p + \underline{U}_x + \underline{U}_R + \underline{U}_s = 0 \tag{2.3}$$

Die resultierende Polradspannung ist in Gl. 2.4 dargestellt.

$$\underline{U}_p = \underline{U}_s + jX_d \cdot \underline{I}_s + R_s \cdot \underline{I}_s \tag{2.4}$$

In Abb. 2.3b ist das Zeigerdiagramm zum Ersatzschaltbild aus Abb. 2.3a dargestellt. Der Strom I_s, der nach dem Anschluss eines Abnehmers durch die Masche fließen wird, hat hier einen Phasenwinkel von φ_s. Der Strom eilt der Spannung voraus und übererregt damit den Generator. Der Generator verhält sich wie ein Kondensator und gibt induktive Leistung ins Netz ab. In diesem Zustand kompensiert er also die induktive Blindleistung des Netzes, die beispielsweise durch den Betrieb von Freiluftübertragungsleitungen entsteht.

Zwischen U_s (Netzspannung) und U_P (Polradspannung) bildet sich ein Polradwinkel δ. Dieser Winkel ist vom Strom I_s abhängig. Ist der Strom $I_s = 0$, ist der Winkel auch 0 (Abb. 2.3b). Steigt der Strom I_s, steigt auch der Polradwinkel.

Wird die Spannung dem Strom voraus sein, wird der Generator die kapazitive Blindleistung im Netz kompensieren. In diesem Fall wird die Polradspannung kleiner als die

Netzspannung sein. Der Generator ist untererregt. Anders gesagt: Durch die Einstellung der Polradspannung (Übererregung oder Untererregung) lässt sich der Charakter des Generators von kapazitiv zu induktiv steuern und damit ein aktiver Beitrag zur Spannungshaltung des Netzes leisten. Das ist durch die Einstellung der Polradspannung möglich.

Gl. 2.5 beschreibt die Abgabeleistung des Generators in Abhängigkeit vom Polradwinkel.

$$P_{Gen} = 3 \frac{U_p \cdot U_s}{X_d} \cdot \sin\delta \tag{2.5}$$

Die Synchronmaschine kann in den beiden oben beschriebenen Modi (übererregt und untererregt) sowohl als Generator als auch als Motor arbeiten. Als Generator arbeitet sie, wenn der Rotor durch die Turbine angetrieben wird und das Polradfeld dem Feld des Stators voraus ist (positiver Polradwinkel). Ist der Drehstrom des Stators die treibende Kraft und folgt der Rotor dem Stator (negativer Polradwinkel), arbeitet die Maschine als Motor. Der Übergang zwischen generischer und motorischer Arbeitsart ist fließend.

Verändert sich die Belastung des Generators, ist dies auch in der Drehzahl bzw. Frequenz (Gl. 2.2) sichtbar. Es müssen entsprechende Maßnahmen ergriffen werden, um die Nenndrehzahl wieder zu erreichen. Dazu passen entsprechende Regler die Zufuhr der Energie zur Turbine an. Sinkt die Frequenz (Drehzahl), wird mehr Energie zur Turbine zugeführt, steigt die Frequenz (Drehzahl), wird die Zufuhr der Energie zur Turbine gedrosselt.

In Abb. 2.4 sind die Zusammenhänge zwischen Änderung der Auslastung und Frequenz schematisch dargestellt.

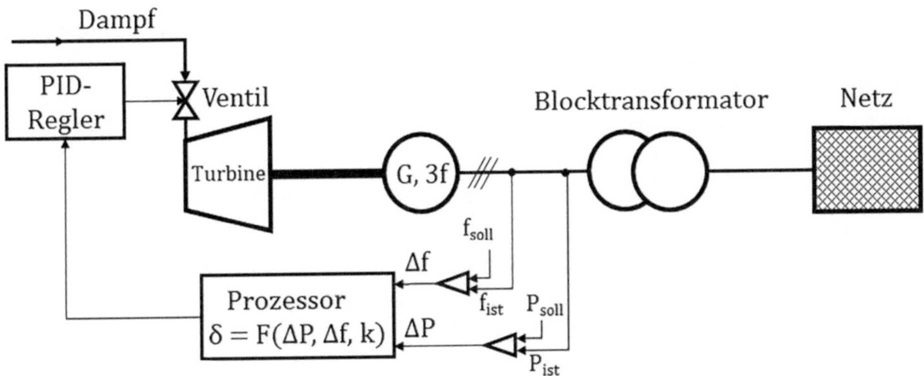

Abb. 2.4 Primärregelung thermischer Kraftwerke (Prinzip)

Kohlekraftwerke

Zu den Kohlekraftwerken gehören Braunkohle- und Steinkohlekraftwerke. Das allgemeine Erzeugungsschema ist in Abb. 2.1 dargestellt und für beide Kraftwerkstypen gleich.

Braunkohle besitzt einen Heizwert von ca. 2,2 kWh/kg und erfordert erhebliche Maßnahmen zur Rauchgasreinigung. Die Förderung von Braunkohle ist jedoch kostengünstig. Braunkohlekraftwerke befinden sich grundsätzlich in der Nähe von Braunkohlegruben, die als Tagebau betrieben werden. Moderne Braunkohlekraftwerke erreichen einen Wirkungsgrad zwischen 40 und 43 %. Aufgrund des niedrigen Heizwerts des Brennstoffs sind sie schwer regelbar. Deshalb werden sie als Grundlastkraftwerke genutzt.

Steinkohle besitzt mit 7,5–9 kWh/kg fast den fünffachen Brennwert von Braunkohle, ist aber als Rohstoff schwieriger zu gewinnen. Steinkohle lohnt sich auch zu transportieren, weshalb Steinkohlekraftwerke in großen Zentren der Last lokalisiert sind. Moderne Steinkohlekraftwerke erreichen einen Wirkungsgrad von 48 %. Steinkohlekraftwerke sind gut regelbar und werden deshalb sowohl als Grund- und Mittellast- als auch als Regelkraftwerke eingesetzt.

Gaskraftwerke

Gaskraftwerke sind für die Mittel- und Spitzenlast geeignet. Sie lassen sich innerhalb von Sekunden in Betrieb setzen, verfügen über einen hohen Wirkungsgrad (bis zu 60 %) und können flexibel lokalisiert werden, sodass sie aus dem Gasnetz gespeist werden können.

Grundsätzlich wird die Brennstoffgasmischung in einer Brennkammer verbrannt, in die auch große Mengen Luft (etwa das Zehnfache des Brenngases) durch einen Verdichter zugeführt werden. Die expandierten Abgase werden der Gasturbine zugeführt und treiben diese an. Auf derselben Welle wie die Turbine sind sowohl der Verdichter als auch der Drehstromgenerator installiert. Der Generator erzeugt elektrischen Strom, der ins Netz abgegeben wird.

Der Heizwert des Gases liegt zwischen 9,5 und 11,5 kWh/m^3 und die Leistung moderner Gaskraftwerke zwischen 100 und 800 MW. Gasturbinen sind sehr flexibel und sollen das Rückgrat der Flexibilisierung der Erzeugung im Smart Grid bilden. Sie können nicht nur die fluktuierende regenerative Erzeugung ausgleichen, sondern durch Umstellung auf den Gemischt-H_2/Gas-Betrieb (heutzutage ist das schon bis zu 100 % möglich) zusammen mit der H_2-Speicherung auch die längeren Perioden der Dunkelflaute energetisch überwinden.

Die heiße Abgasströmung der Gasturbine, die einen ersten Generator bzw. einen Generatorsatz antreibt, kann weiter genutzt werden, und zwar direkt in einem Kessel (Abhitzekessel) zur Dampferzeugung. Der dort produzierte Dampf kann dem Dampfturbinensatz zugeführt werden, der in einem zweiten Generator Strom erzeugt. Durch eine solche Kombination aus Gas- und Dampfturbinenprozess (GuD) kann ein Wirkungsgrad von 60 % erreicht werden. Je nach Parametern (Dampf und Druck) sind auch entsprechende Materialien für Kessel und Turbine erforderlich, um die hohe Leistung von GuD-Kraftwerken zu erreichen, die auch grundlastfähig sind [2].

Kraft-Wärme-Kopplung

Die Idee, die bei der Verbrennung entstehende Wärme vollständig zu verwenden, findet in sogenannten Kraft-Wärme-Kopplungsprozessen Anwendung. Dort wird die sonst ungenutzte Verlustwärme mit niedrigeren Parametern zur Einspeisung in Fernwärmenetze genutzt. Durch diese Kombination zweier Prozesse wird ein hoher Wirkungsgrad solcher Kraftwerke erreicht.

Die Nutzwärme kann in thermischen Kraftwerken aus dem Prozess nach jeder Turbinenstufe entkoppelt werden. Meistens wird diese Lösung in der Industrie genutzt, wo viel Wärme für die Industrieprozesse benötigt wird und ein KWK-Kraftwerk vorhanden ist. Dabei werden auch die benachbarten Stadtteile mit Wärme versorgt.

In einem Blockheizkraftwerk wird der Generator durch einen mechanischen Ottomotor, der Gas (Biogas, Erdgas, H_2), bzw. Dieselmotor, der Diesel oder Heizöl verbrennt, angetrieben. Die bei der Verbrennung entstehende Wärme wird in das Wärmenetz eingespeist.

Diese kleinen Lösungen mit einer elektrischen Leistung von bis zu 10 MW werden oft nur saisonal (in kalten Perioden) genutzt. Bei einer Leistung unter 50 kW spricht man von Mini-BHKW. Die BHKW charakterisieren sich durch zwei Fahrweisen: strom- bzw. wärmegeführt.

Kernkraftwerke

Die Kerntechnik ist eine hochkomplexe, aber erprobte Technologie zur Erzeugung elektrischer Energie in thermischen Kraftwerken. Das erste Kernkraftwerk wurde 1954 in der Sowjetunion in Betrieb genommen. Den richtigen Boom erlebte die Technologie (auch in Deutschland) jedoch erst in den 1960er-Jahren. Heute gibt es weltweit über 400 Kernkraftwerke mit einer Gesamtleistung von 376 GW in 31 Ländern (die meisten davon in den USA, China und Frankreich). Somit trägt die Kernkraft momentan zu etwa 9 % der globalen Stromproduktion bei. Deutschland ist im Jahr 2023 aus der Kernenergie ausgestiegen.

Meist ist der sogenannte Druckwasserreaktor (PWR) in über 300 Kernkraftwerken genutzt. Der Hauptvorteil dieser Technologie ist, dass es zwei getrennte Kreisläufe gibt (durch den hohen Druck wird die Siedung des Wassers verhindert) und somit auch der Austritt von Radioaktivität im Falle einer Havarie minimiert wird. Die andere Technologie, der Siedewasserreaktor (Boiling Water Reactor, BWR), ist so eingerichtet, dass der Dampf im Reaktor erzeugt wird, was zu einer hohen radioaktiven Belastung aller Kraftwerksanlagen führt.

Im Reaktorgebäude befindet sich der Primärwasserkreislauf, in dem ein hoher Druck herrscht. Erst in einem Wärmetauscher entsteht der Dampf, der dem typischen Kreislauf für thermische Kraftwerke zugeführt wird. Die Turbine wird in Rotation gesetzt und der Generator erzeugt elektrischen Strom.

Die Energiedichte des in Kernkraftwerken eingesetzten Uran 235 ist etwa 100.000-mal größer als die von Kohle. Kernkraftwerke werden als Grundlastkraftwerke eingesetzt und lassen sich praktisch nicht regeln.

Erneuerbare Kraftwerke

Windkraftanlagen

Die Windenergie ist eine vergleichsweise neue Technik in der Stromerzeugung. Die ersten kommerziellen Windanlagen wurden 1995 in Betrieb genommen. Einen richtigen Boom erlebte die Technologie in den 2000er-Jahren. Dazu beigetragen haben die Tendenz zur energetischen Unabhängigkeit und die negativen Auswirkungen von CO_2-Ausstoß auf den Klimawandel.

Die Wandlung der Windenergie in elektrische Energie entsteht in zwei Schritten. Die Turbine wandelt die Windenergie in die kinetische Energie der Rotation und der Generator, der auf gleicher Welle wie die Turbine ist, wandelt die kinetische Energie in die elektrische Energie um. In Deutschland gibt es (Stand 2024) 30.243 Windanlagen, davon 1639 Offshore-Anlagen, mit einer gesamtinstallierten Leistung von 70,9 GW. Die mittlere Größe der installierten Anlage beträgt somit 2,3 MW (Onshore: 2,2 MW, Offshore: 5,6 MW). Die Tendenz zeigt deutlich, dass der Trend zu größeren Anlagen geht. So wurden im Jahr 2024 an Land 635 Windanlagen mit einer mittleren Nennleistung von 5,1 GW und auf See 73 Windanlagen mit einer mittleren Leistung von 10,1 MW installiert.

Das Maschinenhaus, auch Gondel genannt, besteht vor allem aus dem Turmdrehkranz als Anschluss zum Turm und dem Maschinenträger. Auf diesem ist in der klassischen Bauform der Triebstrang gelagert. Weiterhin sind in der Gondel auch alle weiteren Subsysteme wie z. B. die Steuerung, Hydraulik und Kühlung untergebracht.

Die Turbinen können unterschiedliche Bauformen haben. Am häufigsten werden Turmturbinen mit einem dreiblättrigen Rotor genutzt. Die Anzahl der Rotorblätter ist von der Größe der Turbine abhängig. Bei Windgeschwindigkeiten zwischen 3 und 25 m/s (10 und 90 km/h) ist die dreiflügelige Turbine optimal.

Um die Trägheit und Reibungsverluste zu überwinden, benötigt die Turbine eine minimale Windgeschwindigkeit von ca. 3 m/s. Bis etwa 14 m/s arbeitet die Turbine im Teillastbereich. Nach dem Erreichen der Nennleistung bei etwa 14 m/s wird die weitere Leistung kontrolliert, sodass die Nennleistung konstant gehalten wird. Dazu werden drei Konzepte der Regelung genutzt: Stoll, aktive Stoll und Pitsch. Das meistgenutzte Konzept, das Pitschkonzept, nutzt die Regelung des Auftriebs durch die Verstellung der Flügelwinkel.

Um Schäden durch eine kritische Windgeschwindigkeit von über 20 m/s (ca. 72 km/h) zu vermeiden, werden die Flügel durch die Drehung der Gondel aus dem Wind genommen. Dies geschieht, um eine mechanische Zerstörung der Anlage zu vermeiden.

In Abb. 2.5 ist das Leistungsdiagramm einer typischen Windanlage dargestellt.

In Abb. 2.6 sind die zwei gängigen Windanlagenkonzepte dargestellt.

Der Synchrongenerator mit Vollumrichter (Abb. 2.6a) erlaubt eine sehr gute Integration der Anlage in das Netz, die durch die Eigenschaften des Synchrongenerators gegeben ist

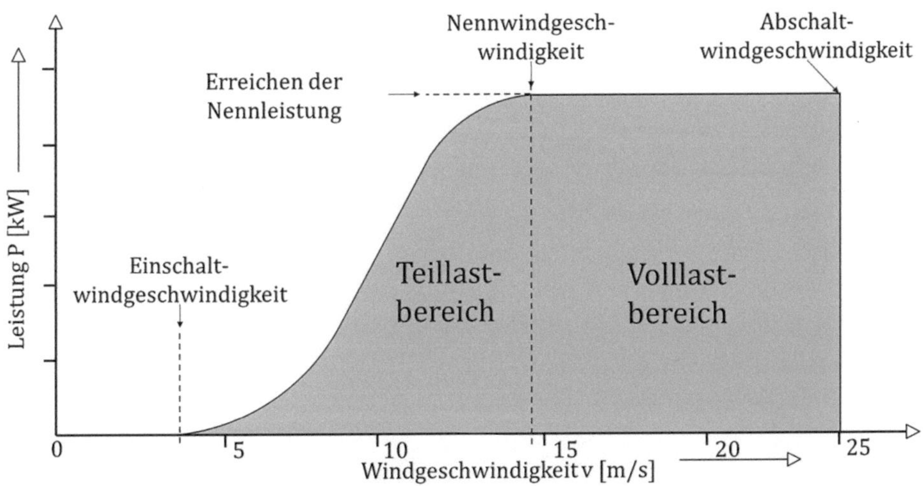

Abb. 2.5 Leistung vs. Windgeschwindigkeit

(siehe auch die Beschreibung des Synchrongenerator oben), und benötigt auch kein Getriebe, das zu den havarieanfälligen Teilen der Windanlage zählt. Leider ist dieses Konzept nicht für Offshore-Anwendungen, wegen der belastenden Umwelteinflüsse, geeignet.

Die Anwendung des sogenannten doppelgespeisten Induktionsgenerators (die meistverbreitete Lösung) erlaubt dagegen einen universellen Einsatz durch die sehr robuste Bauweise (Abb. 2.6b).

In Abb. 2.7 ist einen Windpark auf der Nordsee beispieleweise dargestellt.

Photovoltaikanlagen

Die Umwandlung der Sonnenenergie in elektrische Energie erfolgt in einer Solarzelle, die aus n-p-dotierten Halbleitern, meistens Silizium, besteht [5]. Die physikalische Funktionsweise der Solarzelle ist wie folgt. Die Elektronen aus dem Valenzband werden durch die Energie der Photonen (Sonne) in das Leitungsband gehoben. Wird eine Solarzelle mit einem externen Lastwiderstand verbunden, fließt in diesem Kreis der elektrische Strom und die Elektronen gelangen in die Löcher im Valenzband.

Elektronen im Leitungsband haben eine sehr kurze Lebensdauer von ca. 10^{-3} s. Das bedeutet, dass, wenn die Lichtquelle (Sonne) nicht aktiv ist, eine sofortige Rekombination entsteht. In der Konsequenz kann die Solarzelle keine Energie speichern und funktioniert nur, wenn die Photonenquelle aktiv ist. Praktisch bedeutet das, dass die kleinste Verschattung der Sonne (z. B. durch Wolken) zu einem sofortigen Leistungsabfall der Solaranlage führt.

Solarzellen haben typischerweise eine Leerlaufspannung von 0,6 V, die vom Halbleitermaterial, der Temperatur und der Sonneneinstrahlung abhängig ist. Sie sind meist in Serien und Reihen geschaltet. Zwischen 36 und 144 Solarzellen bilden ein Modul (Abb. 2.8). Die Spannung und der Strom des Moduls hängen von der Verschaltung der Zellen ab.

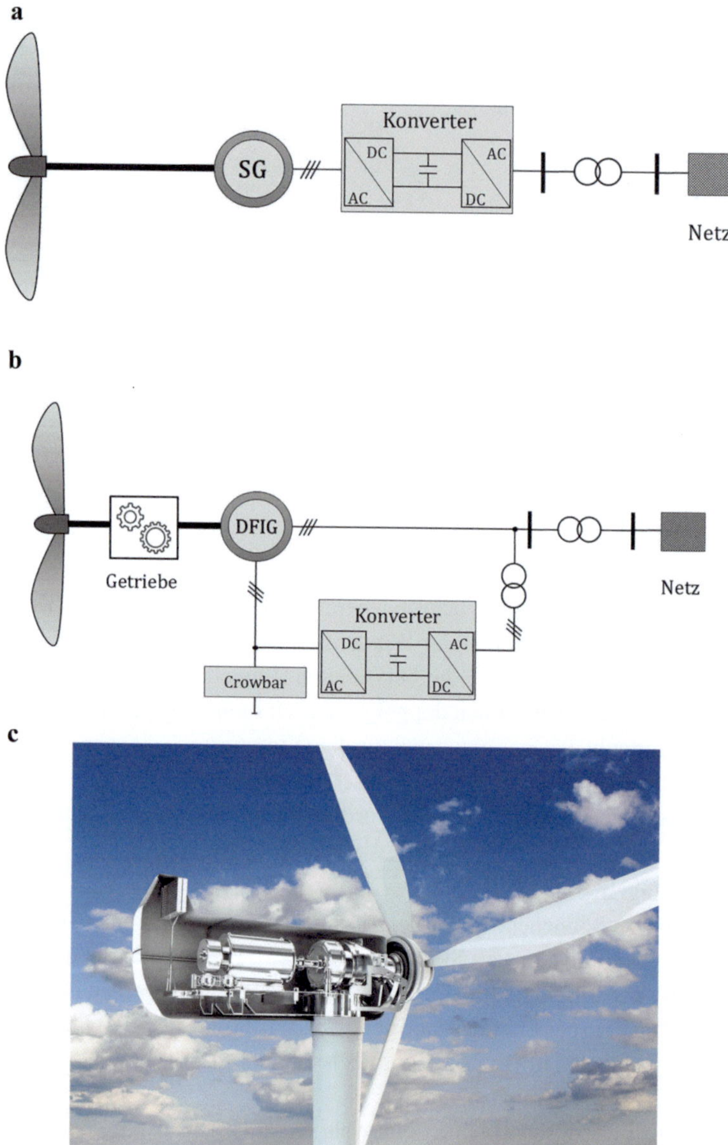

Abb. 2.6 Unterschiedliche Windanlagensysteme. a) Mit Synchrongenerator. b) Mit DIFG-Generator. c) Querschnitt durch eine WKA-Gondel (Quelle: stock.adobe.com/alecicotelli)

Abb. 2.7 Windpark auf der Nordsee mit Siemens-Gamesa-Turbinen. (Quelle: 50Hertz Transmission GmbH)

Abb. 2.8 Tausende von PV-Modulen in einem Solarpark. (Quelle: 50Hertz Transmission GmbH)

Die typische Leistung aktueller Solarmodule liegt zwischen 350 und 450 Wp (Watt Peak). Eine Photovoltaikanlage auf einem Einfamilienhaus hat meist eine Leistung zwischen 5 und 15 kWp und besteht aus zwölf bis 43 Modulen. Ein PV-Modul mit 450 Wp hat eine Fläche von etwa 2 m^2. Am Beispiel 2.2 wird die Berechnung der für ein Einfamilienhaus erforderlichen Fläche einer PV-Anlage veranschaulicht.

Beispiel 2.2 - PV-Anlagenplanung inkl. Amortisationsrechnung

Berechnen Sie die notwendigePV-Fläche für ein Einfamilienhaus.
 Ausgangsdaten
 Jahresenergieverbrauch (JV) – 3500 kWh
 Lage Süddeutschland, Dachgefälle 45° Süd – 1050 Volllaststunden (VLS)
 Flächenbedarf (FB) – 5 m^2/1 kW; spezifischer Preis 1400 €/kWp
 Berechnungen
 Nötige Fläche – A [m^2] = 5 · JV/VLS = 3,5 · 5 = 17,5 m^2 = > 9 Module 400 W = *3,6 kW*

 Investitionspreis der Anlage – 1800 · 3,6 kW = 7000 €
 Jährlicher Gewinn – 3500 kWh · 0,3 €/kWh = 1050 €/Jahr
 Amortisationszeit – 7000 €/1050 € = 7 Jahre◄

Wasserkraft

Wasserkraft ist eine wichtige erneuerbare Energiequelle. Sowohl in den USA (Niagara-Falls-Wasserkraftwerk, 1895) als auch in Europa (Rheinfelden, 1898) gehörten die Wasserkraftwerke zu den ersten und größten am Anfang der Stromgeschichte. Auch heute haben Wasserkraftwerke beeindruckende Ausmaße. Der Drei-Schluchten-Damm in China hat eine Gesamtleistung von 22,5 GW und ist damit das größte Kraftwerk der Welt. Weltweit sind ca. 1330 GW installierte Leistung aktiv. Die Wasserkraft trägt etwa 15 % zur globalen Stromerzeugung und etwa 55 % zur Erzeugung aus regenerativen Energien bei. In Deutschland gibt es 7300 Wasserkraftwerke mit einer Gesamtleistung von 5,6 GW. Die Wasserkraft trägt etwa 4 % zur Stromerzeugung bei. Die Wasserkraftwerke unterteilen sich in [3, 6]: Laufwasserkraftwerke (Niederdruck), Speicherkraftwerke (meist Mitteldruckanlagen), Pumpspeicherwerke (Hochdruckanlagen).

Die Laufwasserkraftwerke werden als Grundlastkraftwerke und die Pumpspeicherwerke als Regelungskraftwerke genutzt. Die Hauptkomponenten der Wasserkraftwerke sind: Oberwasser (OW), Entnahmeanlagen (Rechen, Überlauf, Schütze), Druckwasserleitungen, Maschinenhaus (Turbine, Generator), Unterwasser (UW), Netzanschlussschaltanlage.

Abhängig von der Fallhöhe (Höhenunterschied zwischen OW und UW) werden hocheffiziente Wasserturbinen mit einem Wirkungsgrad von 90 % und mehr für die Wandlung der Wasserenergie in kinetische Rotationsenergie verwendet. Das sind: Kaplan-Turbine: niedrige Fallhöhen (2–30 m), hohe Durchflüsse; Francis-Turbine: mittlere Fallhöhe (10–300 m), vielseitig; Pelton-Turbine: hohe Fallhöhe (50–1500 m), geringere Durchflussmenge.

Die kinetische Rotationsenergie der Turbine wird in einem Synchrongenerator in elektrische Energie umgewandelt. Die verwendeten Synchrongeneratoren sind meistens mit mehreren Polpaaren ausgestattet, da die Wasserflussgeschwindigkeit relativ klein ist, und drehen sich mit einer entsprechend reduzierten Synchrongeschwindigkeit (siehe auch Beispiel 2.3).

Die Meere und Ozeane können auch eine Quelle für die Stromproduktion sein. In intensiver Erforschung befinden sich Meereswasserkraftwerkstechnologien wie: Gezeitenkraftwerke, Meereswellenkraftwerke, Meeresströmungskraftwerke.

Beispiel 2.3 – Schenkelpolsynchronmaschine als Flusskraftwerksgenerator

Durch die kleine Fallhöhe ist die Wassergeschwindigkeit in einen Flusskraftwerk niedrig. In einem Wasserkraftwerk kommen langsam drehende Kaplan- und Francis-Wasserturbinen mit Drehzahlen zwischen typisch 80/min und 400/min zum Einsatz. Um bei dieser niedrigen Drehzahl Spannungen mit 50 Hz in einem Synchrongeneratorzu erzeugen, müssen diese hochpolig sein, z. B.

$$Drehzahl\ n = 100[1/min]; f_s = 50[Hz]$$

$$p = \frac{60[s/min] \cdot f_s[1/s]}{n[1/min]} = \frac{3000}{100} = 30$$

Hier beträgt die Polpaarzahl 30. ◄

Biomasse

Die Biomasse ist eine wichtige erneuerbare Energiequelle, die in Deutschland mit einer installierten Leistung von 9,1 GW 7,5 % des Strombedarfs deckt.

Die genutzten Technologien sind (Abb. 2.9a):

- Verbrennung: Biomasse (Holz, Stroh, Abfälle) wird verbrannt. In einer KWK-Anlage entstehen Strom und Wärme.
- Vergasung: Die Biomasse wird zu Synthesegas umgewandelt, das einen Generator antreibt.
- Biogasanlage: Organische Abfälle (Gülle, Mais) werden anaerob vergoren. Dabei entsteht ein Biogas, mit dem man Motoren antreibt. In Deutschland beträgt die installierte Leistung 6,3 GW. Die moderne und größte Biogasanlage Europas erreicht eine elektrische Leistung von 60 MW und befindet sich im niedersächsischen Friesoythe (Abb. 2.9b).
- Pyrolyse: Biomasse wird zu Bioöl oder Biokohle verarbeitet, die selten zur Stromerzeugung eingesetzt werden.

Die eingesetzten Stoffe sind zu 60 % Holz, zu 25 % Energiepflanzen und zu 15 % Abfälle.

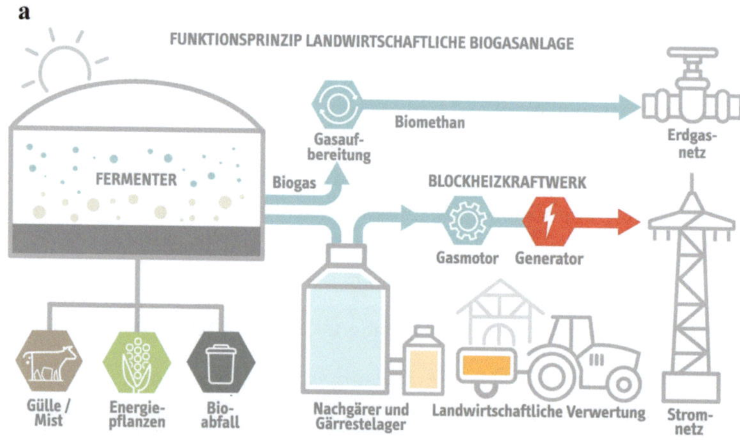

Abb. 2.9 Energetische Verwertung der Biomasse. a) Funktionsprinzip (Quelle: stock.adobe.com/ShDrohnenFly). b) Moderne Biogasanlage ca. 7 MW (Quelle: stock.adobe.com/Trueffelpix)

Da hier eine Konkurrenzsituation zur Nahrungsversorgung besteht, ist der Zuwachs dieser erneuerbaren Technologie, die sehr viel zur Flexibilisierung des Smart Grids beitragen kann, sehr umstritten.

Geo- und Solarthermie

Es gibt zahlreiche weitere Technologien zur Stromerzeugung. Hier werden jedoch nur zwei Technologien zur Gewinnung erneuerbarer Energien erwähnt: die Geo- und die Solarthermie (Abb. 2.10). Dabei werden die Energie der Sonne bzw. die Erdwärme in großem Stil für thermische Kraftwerke genutzt. Dies geschieht einerseits durch die Konzentration von Sonnenenergie mittels Parabolspiegel (Abb. 2.10b) und andererseits durch tiefe Bohrungen in die Erde (Abb. 2.10a).

Die gewonnene Energie kann in einem thermischen Kraftwerk in Dampf umgewandelt und in einem typischen Prozess als Strom ins Netz eingespeist werden.

Die Geothermie (tiefen- und oberflächennah) hat eine installierte Leistung von etwa 5,2 GW und wird sowohl zur Strom- als auch zur Wärmeerzeugung genutzt. Solarthermische Anlagen, die in der Regel aus Solarkollektoren bestehen, haben in Deutschland eine thermische Leistung von 15,3 Gigawatt (GW) und decken etwa ein Prozent des Wärmebedarfs.

2.2.2 Lasten/Verbraucher

Die Lasten bestimmen zu jeder Minute den Strombedarf und somit sowohl die Dimensionierung als auch den Betrieb des Smart Grids. Je nach Zweck werden die Lasten unterschiedlich modelliert. Für Netzberechnungen (statische und dynamische Vorgänge) wird eine Last als Ersatzschaltbild verwendet, das in der Regel eine Impedanz ist, die auch einen nichtlinearen Charakter haben kann. Für die Planung ist der zeitliche Verlauf der Last erforderlich, weshalb für Kundengruppen sogenannte Tagesbelastungsdiagramme (Lastprofile) erstellt werden. Die Laststruktur der Kunden und ihr Verhalten in einem bestimmten Gebiet sind ziemlich stabil. Aufgrund dieser langjährigen Messungen wurden für bestimmte Gebiete die sogenannten BDEW-Standardlastprofile (SLP) entwickelt. Dabei werden fünf Verbrauchergruppen unterschieden: Haushalt (H), Gewerbe (G), Landwirtschaft (L), Sonderkunden (S), Großkunden (Key Account) (K).

Sie werden dann für charakteristische Tage (Werktag, Samstag, Sonntag/Feiertag) und drei Zeitzonen (Winter, Sommer und Übergangszeit) mit jeweils 96 Werten pro Tag (Viertelstundenwerte) modelliert. Die entwickelten Lastprofile sind auf 1 MWh/a pro Kunde normiert. Diese Standardprofile lassen sich nach der Zusammensetzung des Lastgangs in einer Region miteinander kombinieren, beispielsweise 20 % Haushalte, 10 % Gewerbe, 30 % Industrie und 40 % Sonstiges.

Abb. 2.11 zeigt ein Beispiel für solche Profile.

Der genormte Kurvenverlauf stellt das repräsentative Verbrauchsverhalten von Haushaltskunden für Strom an verschiedenen Wochentagen im Winterhalbjahr dar.

Wie in Abb. 2.11 zu sehen ist, unterscheiden sich die Lastprofile spezifischer Tage erheblich voneinander. Für die Netzplanung sind der Spitzenwert und die Zeit, zu der die

Abb. 2.10 Thermische erneuerbare Energien. a) Moderne geothermische Anlage (Quelle: stock.adobe.com/Joseph Maniquet). b) Solarturmkraftwerk in Spanien, etwa 20 MW (Quelle: stock.adobe.com/Fly_and_Drive)

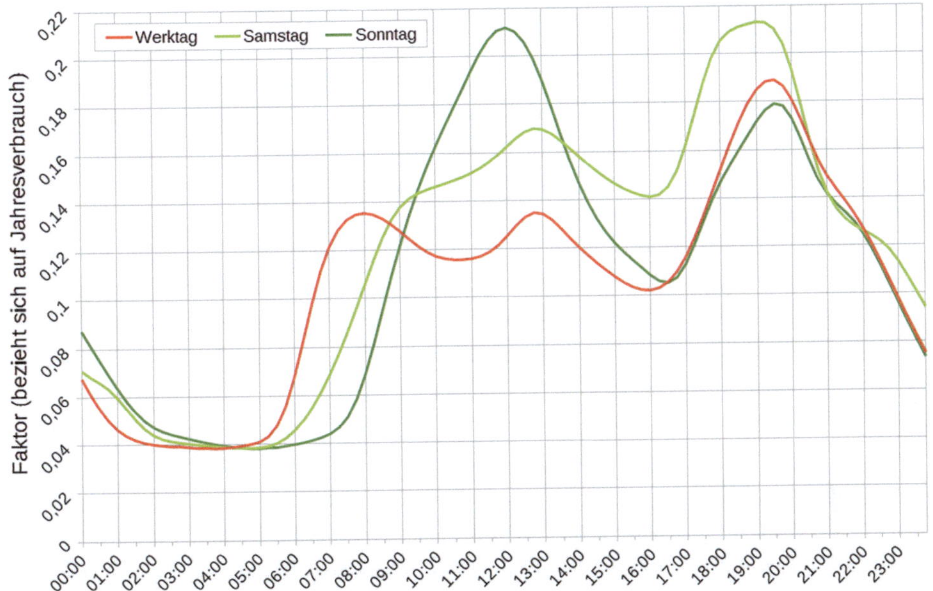

Abb. 2.11 Winter-Standardlastprofil H0 nach BDEW (Quelle: Wikipedia, Public Domain)

Spitze auftritt, von Bedeutung. Im Winter ist die Spitze an Werktagen und Samstagen zwischen 19 und 20 Uhr, an Sonntagen jedoch bereits um 12 Uhr zu erwarten. Dies wird die maximale Belastung der Abschnitte des Smart Grids beeinflussen. Auch für die Kraftwerkseinsatzplanung sind diese Unterschiede von Bedeutung.

Da sich die Gewohnheiten und die Anlagen in den Gebieten mit der Zeit ändern, müssen auch die SLP angepasst werden, um den entstandenen Lastprognosefehler zu korrigieren. Die oben beschriebene Systematik eignet sich sehr gut für die Anwendung von künstlicher Intelligenz.

Bereits im Jahr 1990 wurden an der Universität Stuttgart Untersuchungen durchgeführt, die den Einsatz neuronaler Netze zur Bestimmung von Standardlastprofilen und Lastprofilen bestimmtes Entknoten auf Grundlage der Kenntnisse der Lastzusammensetzung erlaubten [7]. Dazu wurden Feedforward-Perceptron-Netzwerke verwendet, die mit der Backpropagation-Methode trainiert wurden. Für die Trainingsdaten der Technischen Werke Stuttgart (TWS) wurden gute und brauchbare Modellierungsergebnisse erzielt.

2.2.3 Prosumer

Der Begriff „Prosumer" ist untrennbar mit dem Smart Grid verbunden. Er vereint die beiden Begriffe Produzent und Konsument. Ein Prosumer ist demnach ein Kunde, der sowohl Energie verbraucht als auch produziert. In der Regel sind hier private Kunden gemeint, beispielsweise Haushalte, die mithilfe eigener erneuerbarer Energiequellen mehr Energie erzeugen, als sie benötigen.

Prosumer verfügen heute oft über ein eigenes Energiemanagementsystem (EMS), das ihren Verbrauch und die Erzeugung koordiniert. Deshalb sind Prosumer häufig auch mit einem Energiespeicher ausgestattet, der dem EMS Flexibilität ermöglicht. In ein solches Konzept können auch Elektroautos mit Batterien von bis zu 100 kWh integriert werden [8]. Die Prosumer sind heute sowohl technisch als auch rechtlich vollständig in das Smart Grid integriert (siehe auch Abb. 1.1).

Energiespeicher [9]

Die Energiespeicher sind derzeit die wichtigste neue Flexibilitätsoption von Smart Grids. Elektrischer Strom lässt sich nicht direkt in nennenswerten Mengen speichern. Deshalb muss elektrische Energie in eine andere, speicherbare Form umgewandelt werden. Diese Form der Speicherung muss eine einfache Reversibilität erlauben.

Zu den speicherbaren Prozessen zählen chemische, mechanische, thermische bzw. potenzielle Energie. Elektrischer Strom kann in einem chemischen Medium, beispielsweise in einer Batterie, oder durch Elektrolyse in Wasserstoff umgewandelt werden, wobei hier zwischen Kurz- (Sekunden bis Stunden) und Langzeitspeicher (Stunden bis Tage, Monate) unterschieden wird. In einer Batterie erfolgt die Rückgewinnung sofort durch Einschalten eines Verbrauchers. Aus H_2 kann der Strom direkt in einem Brennstoffzellensystem oder durch Verbrennung in einem Gaskraftwerk rückgewonnen werden.

In einem Pumpspeicherwerk wird Wasser mithilfe eines Elektromotors (Pumpe) in das Oberbecken gepumpt. Bei Bedarf wird es über die Turbine und den Generator geleitet, um den Strom wieder zu gewinnen.

Besonders in den letzten Jahren gehören zwei dieser Technologien – Batterien und Wasserstoff – zu den wichtigen Entwicklungen. Insbesondere die Lithium-Ionen-Technologie hat sich in den letzten Jahren auch bei leistungsstarken Anwendungen etabliert. Heute sind Installationen von 100 MW keine Seltenheit mehr.

Abb. 2.12 zeigt beispielsweise den Lithium-Ionen-Batteriespeicher in Magdeburg.

Dieser Speicher wurde seit 2015 in verschiedenen Einsätzen erprobt, beispielsweise in den Bereichen Netzstützung, Energiespeicherung in Windparks und als Teil eines EMS (Energiemanagementsystem). Dabei hat er die Vorteile dieser Speichertechnologie für die Flexibilisierung des Smart Grids eindeutig bewiesen.

Die installierte Nettoleistung von Batteriespeichern in Deutschland wird auf rund 12,2 Gigawatt (GW) mit einer Speicherkapazität von etwa 17,8 Gigawattstunden (GWh) geschätzt [10]. Damit übersteigt sie die installierte Leistung von Pumpspeicherwerken,

Abb. 2.12 Li-Ionen-Batteriespeicher 1000 kW/500 kWh in Magdeburg. **a)** Behausung in einem 30-Fuß-Container. **b)** Batteriepakete (Quelle: IFF FhG)

die bei 6,3 GW liegt. Batteriespeicher werden vor allem zur kurzfristigen Abdeckung von Leistungsspitzen und Defiziten im Stromnetz genutzt.

Wasserstoff

Im Zusammenhang mit dem Konzept des Gesamtenergiesystems (GES) [11] und der damit verbundenen Sektorenkopplung bietet Wasserstoff eine neue Möglichkeit zur Energiespeicherung.

Beim GES handelt es sich um eine durchgehende Energiestruktur für alle Branchen (u. a. Smart Grid, Wärme, Industrie, Transport), die einen Energieaustausch zwischen den Sektoren ermöglicht und somit eine globale Optimierung des Energieverbrauchs erlaubt. Dieser Austausch wird durch die sogenannte Sektorenkopplung ermöglicht. EinSektorenkopplung Beispiel hierfür ist der Transport mit Elektrofahrzeugen, der die Sektoren Smart Grid und Transport koppelt.

Wasserstoff ist ein wichtiges Medium für die Sektorenkopplung und die Speicherung. Seine Vielseitigkeit und seine Eignung für das Smart-Grid-Konzept sind hierbei von großem Vorteil. Die Einführung einer groß angelegten Wasserstoffwirtschaft wäre die beste Flexibilitätsoption für das Smart Grid und das GES insgesamt. Der schwer handhabbare Überschuss an regenerativer Erzeugung, der meist abgeregelt werden muss, könnte bereits heute durch Elektrolyse in Wasserstoff umgewandelt werden. Zu anderen Zeiten (z. B. während der Dunkelflaute) kann dieser Wasserstoff dann in Gaskraftwerken zur Stromerzeugung genutzt werden. Dies ist nur ein Beispiel für die Vorteile der Nutzung von Wasserstoff. In Abb. 2.13 ist das Konzept der Wasserstoffnutzung als Speicher, auch Power-to-Gas genannt, dargestellt.

Der aus regenerativen Energien erzeugte sogenannte grüne Wasserstoff kann sowohl in der Industrie direkt als auch in der Verstromung als reiner Wasserstoff bzw. nach der

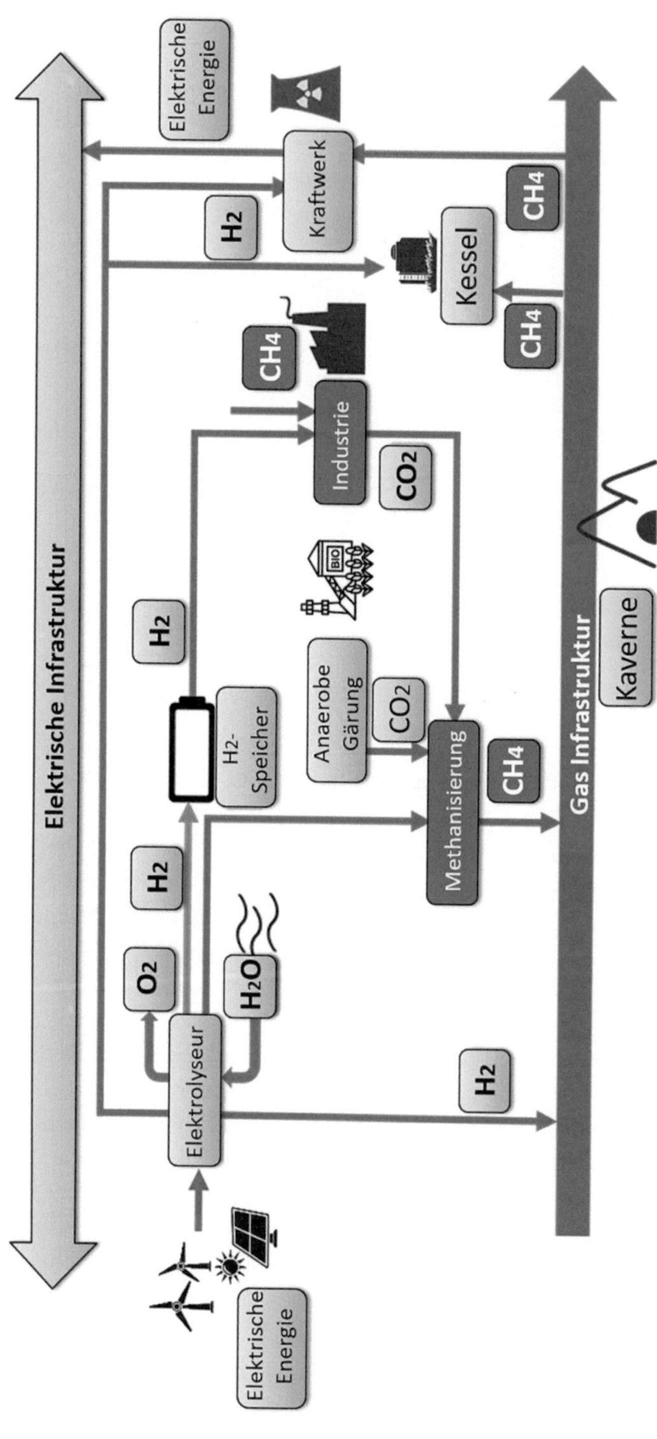

Abb. 2.13 Power-to-Gas. Schematische Darstellung [1]

Methanisierung genutzt werden. Die großen Potenziale zur Speicherung und zum Transport dieses Mediums bilden auch die Grundlage für das zukünftige Energiesystem GES.

2.3 Netze

2.3.1 Kabel und Freileitungen

Elektrischer Strom wird durch Kabel oder Freileitungen transportiert. Dafür werden leitfähige Materialien wie Kupfer ($\varsigma_{CU} = 0{,}018\ \Omega\ \text{mm}^2/\text{m}$) oder Aluminium ($\varsigma_{Al} = 0{,}028\ \Omega\ \text{mm}^2/\text{m}$) verwendet. Da Kupfer Strom etwa 1,5-mal besser leitet, ist es das bevorzugte Material für Stromleitungen.

Für die Übertragung großer Energiemengen wird entweder Wechselstrom oder Gleichstrom verwendet. Wechselstrom heißt auf Englisch „alternating current", kurz AC; Gleichstrom heißt „direct current", kurz DC. Mit Wechselstrom (AC) kann elektrische Energie nur über begrenzte Strecken übertragen werden. Dies ist auf Energieverluste, auch als Blindleistungsbedarf bezeichnet, zurückzuführen. Diese Begrenzung gibt es bei DC-Übertragung nicht, diese ist jedoch aufgrund der notwendigen komplizierten Wandlungstechnik teuer und wird nur in besonderen Fällen in den modernen Elementen des Smart Grids angewandt. In Deutschland befinden sich derzeit drei DC-Strecken im Aufbau. Sie werden die windreichen Regionen im Norden Deutschlands mit den Lastzentren im Süden verbinden und jeweils eine Länge von ca. 1000 km haben.

Die Betriebsspannungen der Freileitungen und Kabel sind an die Nennspannungen der Netze angepasst. Eine leicht zu merkende Faustregel lautet, dass elektrische Energie in einer Entfernung, die der Spannung in kV entspricht, transportiert werden kann. So ist eine 110-kV-Freileitung beispielsweise dazu geeignet, elektrische Energie bis zu einer Entfernung von etwa 100 km zu übertragen. Das gilt auch für Lasten in MW. Für alle Arten von Kabeln und Freileitungen gelten unterschiedliche Parameter, die für die Modellierung notwendig sind. In Tab. 2.1 sind Beispiele für solche Parameter zu finden.

Die Kabel und Freileitungen werden typischerweise mittels des π-Ersatzschaltbilds modelliert, wobei hier eine Unterscheidung durch Segmentierung der π-Ersatzschaltbilder (Näherung) je nach Länge besteht (Abb. 2.14).

Dafür können folgende Gleichungen aufgestellt werden:

- Längsimpedanz (Gl. 2.6)

$$\underline{Z}_l = (R' + j\omega L') \cdot l \tag{2.6}$$

- Queradmittanz (Gl. 2.7)

$$\underline{Y}_q = (G' + j\omega C') \cdot l \tag{2.7}$$

Tab. 2.1 Beispielparameter einiger Kabel und Freileitungen für verschiedene Spannungsebenen

Nennspannung	Art der Leitung	Leiter	R' in Ω/km	L_b in mH/km	C' in nF/km
10 kV	Dreileiter, stahlummanteltes Kabel	3×120 mm^2 Cu	0,181	0,299	480
20 kV	Dreileiter, kupferummanteltes Kabel	3×150 mm^2 Cu	0,158	0,369	440
20 kV	Oberleitungen	95 Al	0,310	1,146	10
30 kV	Oberleitungen	95/12 Al/St	0,320	1,178	10
110 kV	Oberleitungen	240/40 Al/St	0,120	1,241	9
220 kV	Oberleitungen	Zwei gebündelte Leiter 240/40 Al/St	0,060	0,955	12
380 kV	Oberleitungen	Drei gebündelte Leiter 380/50 Al/St	0,025	0,828	14
380 kV	Oberleitungen	Vier gebündelte Leiter 240/40 Al/St	0,030	0,828	14

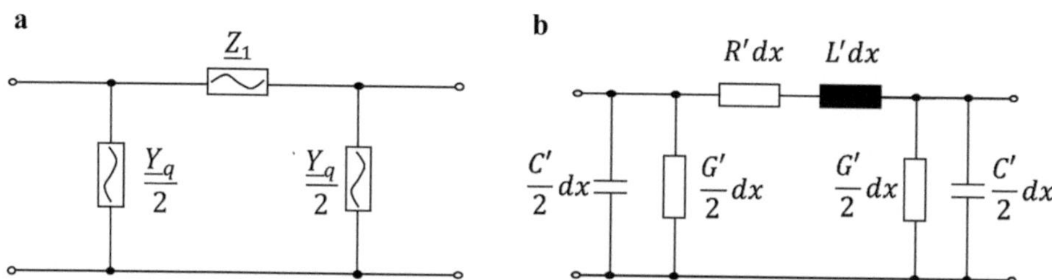

Abb. 2.14 a) π-Ersatzschaltbild einer Leitung. b) π-ESB-Segment dx mit Einzelelementen

Die Genauigkeit des Modells ist abhängig von der Zahl der π-Segmente, die für die Modellierung genutzt werden.

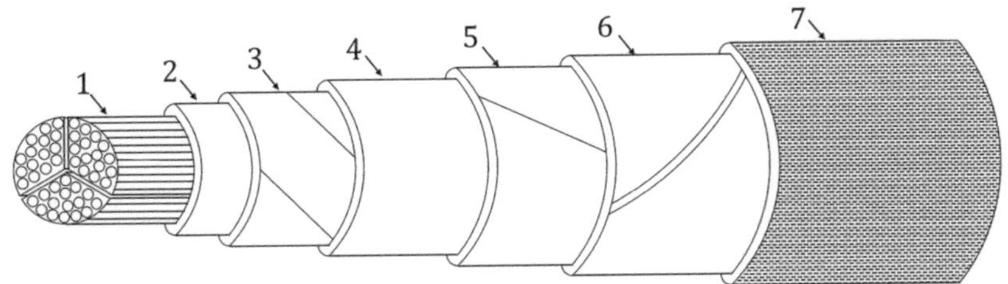

Abb. 2.15 Bauweise eines Niederspannungskabels Typ NKBA bzw. NAKBA. (1) Multidraht (Cu/Al), (2) imprägnierte Papierisolation, (3) Mantelisolation (Papier), (4) Bleigehäuse, (5) internes Gehäuse, (6) Verstärkung (Stahl), (7) externes Gehäuse

Kabel

Die Kabel werden für alle Spannungsebenen – Niederspannung (230/360 V), Mittelspannung (10–30 kV) sowie Hoch- und Höchstspannung (110–380 kV) – hergestellt und verwendet.

In Deutschland kommen sie überwiegend bis zur Hochspannung (110 kV) zum Einsatz. Kabelverbindungen sind zwar teurer als Freileitungen, benötigen aber weniger Platz und sind zuverlässiger, da sie vor Beschädigungen und direkten Blitzschlägen geschützt sind. Abb. 2.15 zeigt die typische Bauweise eines Niederspannungskabels.

Niederspannungs- und teilweise auch Mittelspannungskabel sind in dreiphasiger Ausführung gefertigt (Abb. 2.15, 1). Die Phasenadern sind gegeneinander isoliert, beispielsweise mit einer imprägnierten Papierisolation (Abb. 2.15, 2), welche durch eine Gesamtisolation (Abb. 2.15, 3) verstärkt wird. Es folgen mehrere Schichten unterschiedlicher Gehäuse, die sowohl die Schirmung (Abb. 2.15, 4) als auch die mechanische Festigkeit des Kabels (Abb. 2.15, 5–7) gewährleisten.

Die Bauart ist in der Kabelbezeichnung codiert. So bedeutet die Bezeichnung NKBA, dass es sich um ein Norm-Kupferkabel mit Bleimantel (B) und Juteaußenhülle (A am Ende) handelt. Bei der Bezeichnung NAKBA handelt es sich um eine ähnliche Fertigung, jedoch mit Aluminium als Leiter (zweiter Buchstabe A). Weitere Informationen zur Beschriftung der Bezeichnungen sind in [1] bzw. bei Wikipedia zu finden.

Hochspannungskabel sind in der Regel einphasig ausgeführt.

Die Stromkabel haben normierte Querschnitte. Am häufigsten werden in der Nieder- und Mittelspannung Kabel mit den Querschnitten 3×120 mm^2, 3×150 mm^2 und 3×240 mm^2 verwendet. Jedem Kabelquerschnitt ist ein bestimmter Betriebsstrom zugeordnet, dessen Stärke von den verwendeten Isolationsmaterialien sowie der zugelassenen Betriebstemperatur abhängig ist.

Für papierisolierte Kabel beträgt die zulässige Temperatur 120 °C, für VPE-isolierte Kabel 140 °C.

Die Eigenschaften der Kabelverlegung beeinflussen die Stärke des Betriebsstroms, die unter Verwendung von Korrekturfaktoren [1] errechnet werden kann. Ein Niederspannungskupferkabel mit dem Querschnitt 3×150 mm^2 kann beispielsweise eine Leistung von 340 kW übertragen. Ein Aluminiumkabel mit dem gleichen Querschnitt überträgt dagegen nur ca. 160 kW.

Zur Stromübertragung auf der Hoch- und Höchstspannungsebene werden weltweit überwiegend Freileitungen verwendet. Das heutige Stromnetz in Deutschland umfasst 35.000 km, wovon mehr als 99 % mit Freileitungen realisiert wurden. Dementsprechend liegen für Freileitungen auch die meisten Betriebs- und Langzeiterfahrungen vor.

Freileitungsseile bestehen aus Aluminiumleitern, die auf einen tragfähigen Stahlkern (Seele) aufgebracht werden. Sowohl die Aluminiumleiter als auch der Stahlkern bestehen im Allgemeinen aus gewundenen Einzeldrähten.

Freileitungen verfügen über eine hohe Übertragungsleistung. Die Kühlung durch die umgebende Luft ermöglicht es beispielsweise, Freileitungen im Winter, wenn der Stromverbrauch sehr hoch ist, stärker zu belasten.

Die allgemeinen Anforderungen, die bei der Planung und Errichtung neuer Freileitungen einzuhalten sind, sind in der DIN EN 50341/VDE 0210 (2013) festgelegt. Dadurch werden unter anderem die Personensicherheit und der Betrieb einer Freileitung gewährleistet sowie Aspekte wie Umweltschutz und Instandhaltung berücksichtigt.

In Abb. 2.16 ist die typische Anordnung der Seile einer Hochspannungsfreileitung an einem Mast dargestellt.

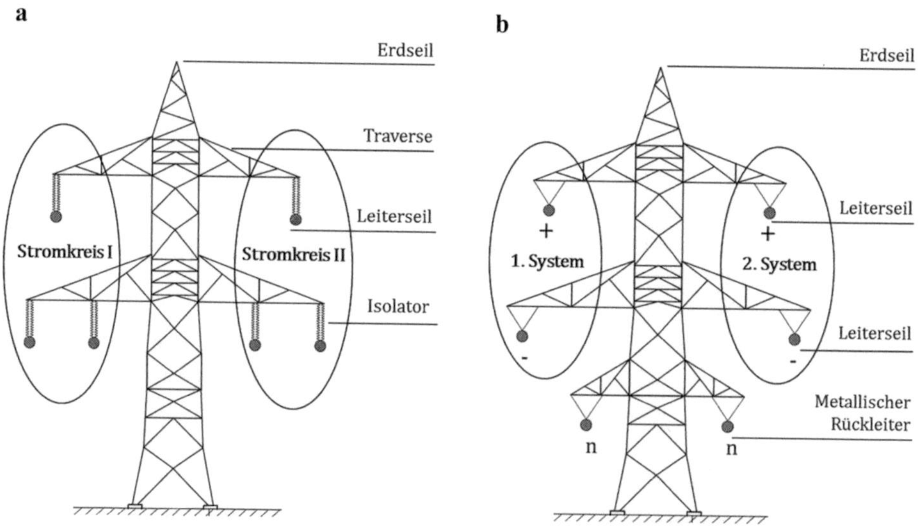

Abb. 2.16 Anordnung von Leitern an Masten: a) AC- Donaumast. b) DC-Tonnenmast DC, in Anlehnung an [2]

Abb. 2.17 Beispiel IKT und KI. Intelligente Überwachung einer Höchstspannungsleitung durch eine KI-Drohne (Quelle: 50Hertz Transmission GmbH)

Für Spannungen zwischen 100 und 250 kV kommen gelegentlich Bündelleiter zum Einsatz, bei höheren Spannungen hingegen fast immer.

In Abb. 2.17 ist eine Doppelsystemleitung mit drei Leiterbündeln dargestellt.

Durch die Bündelung der Leiter erhöht sich die Kapazität. Ein wichtiger Vorteil gebündelter Leiter ist auch, dass sie Koronaentladungen reduzieren. Dadurch verringert sich der Leistungsverlust und die Übertragungseffizienz der Leitung verbessert sich.

> *Für einen zuverlässigen Betrieb der Leitungen sind eine ständige Überwachung und Wartung unerlässlich. Heutzutage kommen dazu moderne, intelligente Techniken zum Einsatz. So werden beispielsweise Drohnen für das Monitoring von Hochspannungsleitungen genutzt. Diese suchen die Leitung automatisch ab und können alle mechanischen oder thermischen Überlastungsstellen erkennen und analysieren.*

Da gewöhnliche Aluminiumkomponenten bei höheren Temperaturen „weich" werden, darf die Betriebstemperatur solcher Leiterseile 80 °C nicht übersteigen.

Um in Smart Grids eine höhere kurzzeitige Belastung zuzulassen, werden neben konventionellen Aluminiumleiterseilen zunehmend auch Hochtemperaturleiter verwendet. Durch die Zugabe von Zirkon wird ihre thermische Belastbarkeit auf 150 °C erhöht. Gleichzeitig steigt die Strombelastbarkeit um 50–60 %, während die Kosten etwa das 1,8-Fache konventioneller Aluminiumleiter betragen. Die Kosten steigen auch aufgrund von erforderlichen Mastverstärkungen durch höheres Gewicht.

2.3.2   Schaltanlagen

Sowohl Erzeuger als auch Verbraucher im Bereich der Primärtechnik des Smart Grids benötigen Schaltanlagen. Dies gilt für Hoch- und Höchstspannungsanschlüsse ebenso wie für Hausanschlüsse. Eine Schaltanlage beinhaltet alle Anlagen, die für die Verteilung, Schaltung und Sicherung von Stromkreisen erforderlich sind. Die Anlagen sind sogenannten Feldern zugeordnet und folgen einer funktionalen Ordnung.

Zu den wichtigsten Primäranlagen in einem Schaltfeld gehören

- Sammelschienen, die alle Felder miteinander verbinden,
- Leistungsschalter und Trenner, die erlauben, das Feld an- und auszuschalten, und eine sichtbare Trennung des Feldstromkreises darstellen,
- Wandler, die die Messdaten aus dem Primärkreis erfassen,
- Transformatoren, die die Anpassung der Spannung an die jeweiligen Anforderungen ermöglichen,
- Ableiter, die die Isolationskoordination ermöglichen.

Schaltanlagen sind in verschiedenen Bauweisen erhältlich. Am häufigsten werden Freiluftanlagen genutzt. Es gibt auch Ausführungen für den Einsatz in geschlossenen Räumen, zu denen in der Regel vollständig gekapselte Anlagen gehören. Durch den Einsatz von Isolationsgassen können die Isolationsabstände in diesen Anlagen wesentlich reduziert werden. Dadurch verringert sich die benötigte Fläche im Vergleich zu Freiluftanlagen. Solche Lösungen kommen in städtischen Netzen zum Einsatz.

Sammelschienen

Sammelschienen spielen eine wichtige Rolle in einer Schaltanlage. Sie leiten den Strom und gewährleisten dessen Verteilung zwischen den einzelnen Feldern. Die meisten Schaltanlagen auf der Niederspannungs- und Mittelspannungsebene verfügen über ein Einfachsammelschienensystem [12]. An wichtigen Netzknoten hingegen kommen Doppelsammelschienen mit Kupplung zum Einsatz. Sie stellen ein sehr zuverlässiges Verteilungssystem dar und erlauben die Umsetzung des „n − 1"-Kriteriums durch die Schaltungen mittels der Kupplungsschalter.

Sammelschienen in einer Netzstation werden gemäß den allgemeinen Auswahlkriterien, die in Abschn. 2.1 genannt sind, ausgewählt.

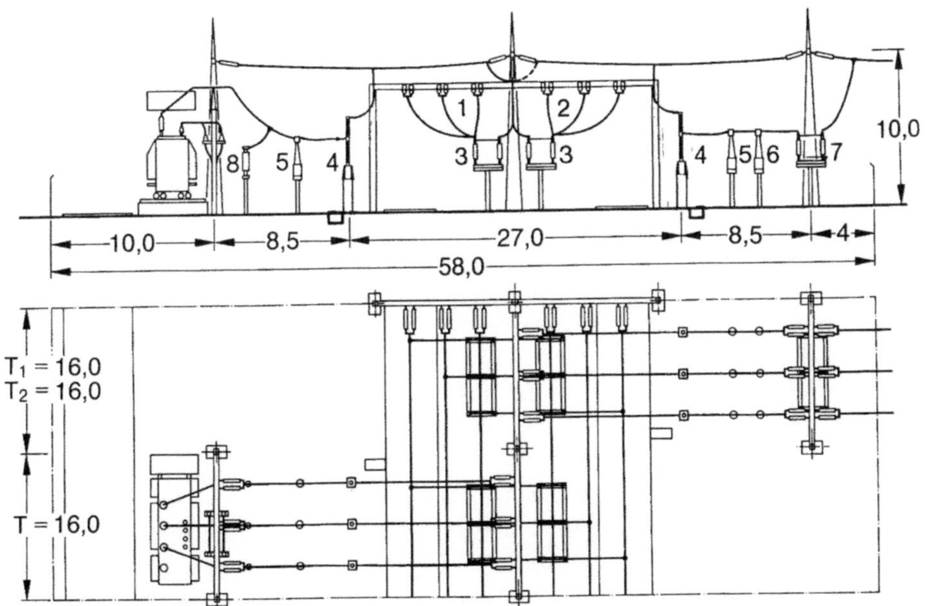

Abb. 2.18 245-kV-Freiluftanlage mit Doppelsammelschienen in klassischer Bauweise. (1) Sammelschienensystem I, (2) Sammelschienensystem II, (3) Sammelschienentrennschalter, (4) Leistungsschalter, (5) Stromwandler, (6) Spannungswandler, (7) Abgangstrennschalter, (8) Überspannungsableiter. (Quelle: Hitachi Energy)

In Abb. 2.18 ist das Schema einer Freiluftanlage mit Doppelsammelschienen dargestellt.

Die Schaltanlage, dargestellt in Abb. 2.18, ist über einen Abgangstrennschalter (7) mit der Freileitung auf der rechten Seite verbunden (Abb. 2.22). Dieser dient dazu, eine galvanische und sichtbare Trennung des Stromkreises darzustellen. Das ist aus Sicherheitsgründen erforderlich, um die Arbeiten aus dem Teilabschnitt des Netzes durch Personal zu genehmigen. Anschließend sind ein Strom- (5) und ein Spannungswandler (6) angeordnet. Diese erlauben es, die gemessenen Werte an die sekundären Kreise zu übertragen. Der Leistungsschalter (4) unterbricht im Normalbetrieb den Stromkreis und schaltet ihn bei Kurzschlussströmen automatisch ab. Danach folgen zwei Sammelschienentrennschalter (1) und (2), die es erlauben, den Strom zu einem anderen Sammelschienensystem zu leiten. Auf der anderen Seite der Sammelschienen (Abb. 2.15, links) befindet sich ein Feld, das neben den Messwandlern auch einen Überspannungsableiter (8) enthält. Dieser ist Teil der Isolationskoordination und leitet Überspannungen, die beispielsweise durch Blitzeinschlag verursacht werden, vor dem Transformator ab, sodass dieser nicht beschädigt wird.

Schalter

Schalter zählen zu den wichtigsten Geräten in Schaltanlagen.

Sie unterteilen sich in:

- **Trennschalter** (TS): Sie leiten Betriebs- und Kurzschlussströme und stellen eine galvanische, sichtbare Trennung zwischen zwei Stromkreisen dar. Sie können Ströme unter 0,5 A nicht ausschalten.
- **Lasttrennschalter** (LTS): Sie leiten ebenfalls Betriebs- und Kurzschlussströme und können zudem Betriebsströme ein- und ausschalten. Zudem stellen sie eine galvanische, sichtbare Trennung zwischen zwei Stromkreisen dar. Einige LTS können auch Kurzschlussströme einschalten.
- **Lastschalter**, auch Leistungsschalter (LS): Sie schalten Betriebs- und Kurzschlussströme und können ein- und ausgeschaltet werden.

Die Schalter sind in unterschiedlichen Ausführungen erhältlich.

Trennschalter sind meist als Dreh-, Einsäulen- oder Hebeltrennschalter ausgeführt.

Lasttrennschalter sind häufig in Verteilungsnetzen mit einer Betriebsspannung von bis zu 52 kV zu finden. Lastschalter unterscheiden sich durch das Löschprinzip der Lichtbögen, den Antrieb und die Anzahl der Löschkammern. Die typischen Lastschalter und ihre Parameter sind in Tab. 2.2 zusammengestellt.

Dank seiner modularen Bauweise kann der Lastschalter mehrere Schaltkammern haben. Die Verteilung der Spannung zwischen den Schaltkammern wird durch Steuerkondensatoren erreicht. Das Ausschalten von Strömen wird durch die Teilung in mehrere Lichtbögen in den einzelnen Schaltkammern erleichtert, da die einzelnen Spannungen

Tab. 2.2 Auszug aus den Nenndaten der Lastschalter

U_n	Schaltprinzip	Antrieb	Anzahl der Löschkammern pro Pol	I_n [kA]	I_s [kA]
20 kV	Ölarm	Feder	1	1,6	25
	SF6 – Selbstblasprinzip	Feder	1	1,6	25
	SF6 – Blasenkolbenprinzip	Feder	1	2,5	40
	Vakuum	Feder	1	2,0	25
110 kV	Ölarm	Feder	1	1,6	25
	SF6 – Blasenkolbenprinzip	Hydraulik	1	2,5	31
		Feder	2	4,0	63
		Feder	1	2,5	31,5
		Pneumatik	1	3,15	40
380 kV	Ölarm	Feder	6	4,0	63
	SF6 – Blasenkolbenprinzip	Feder	2	2,5	40
		Hydraulik	2	2,5	50
		Pneumatik	2–4	3,15–4,05	50–100

Abb. 2.19 a) Zweistützerdrehtrennschalter für 123 kV. (1) Drehfuß, (2) Rahmen, (3) Stützer, (4) Drehkopf, (5) Strombahn, (6) Hochspannungsanschluss, (7) Antrieb, (8) Erdungsschalter. b) SF6-Leistungsschalter Selbstblaslöschkammer-Federspeicherantrieb. (1) Metallgekapselte Löschkammer, (2) Durchführung, (3) Hochspannungsanschlüsse, (4) Ringkernstromwandler, (5) Antriebskasten. (Quelle: Hitachi Energy)

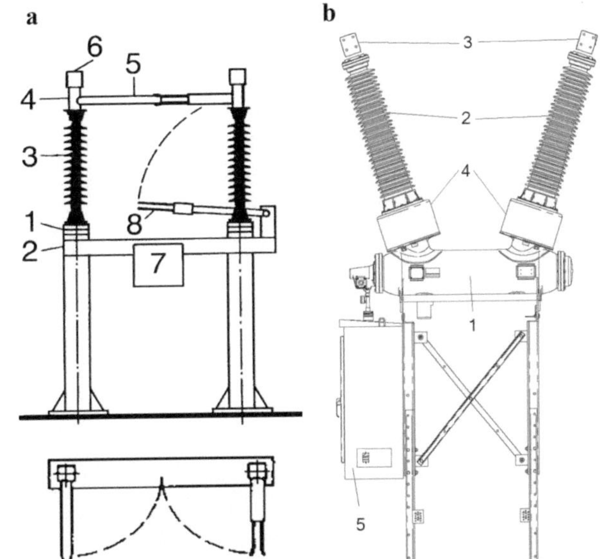

beim geteilten Lichtbogen geringer und somit einfacher zu unterbrechen sind. Die Schalter werden aufgrund der allgemeinen Auswahlkriterien für die Hochspannungsanlagen ausgewählt.

Ein Beispiel eines Drehtrennschalters ist in Abb. 2.19a und eines Leistungsschalters in Abb. 2.19b gegeben.

Beim Ausschalten von Betriebs- und Kurzschlussströmen in Leistungsschaltern entsteht nach der Trennung der Kontakte ein Lichtbogen. Dieser besteht aus ionisierten Gaspartikeln, die aufgrund der hohen Spannung entstehen. Ist die Trennstrecke kleiner als die definierte Stehspannung, brennt der Lichtbogen bei Gleichstrom permanent und zündet bei Wechselstrom immer wieder. Das Löschen des Lichtbogens ist die anspruchsvollste Aufgabe für einen Leistungsschalter. Abb. 2.20 zeigt die Schaltkreise sowie den Strom- und Spannungsverlauf beim Löschen von Lichtbögen in einem Gleichstromkreis (Abb. 2.20-I) bzw. in einem Wechselstromkreis (Abb. 2.20-II).

Da es bei Gleichstrom keinen natürlichen Spannungsnulldurchgang gibt, muss die Lichtbogenspannung im Schalter größer als die anstehende Spannung u_s sein (Abb. 2.20 Ib). Dies kann nur mit großem Aufwand in Nieder- und Mittelspannungsschaltern erreicht werden.

Im Wechselstromkreis hingegen bildet der Spannungsnulldurchgang eine natürliche Unterbrechung des Lichtbogens. Wenn in dieser Zeit die Isolationsstrecke deionisiert wird und der Abstand nach der Wiederkehr der Spannung groß genug ist, wird der Lichtbogen nicht erneut zünden.

Der Prozess der schnellen Trennung der Kontakte wird durch die gewählte Antriebsart (Feder, hydraulisch oder pneumatisch) und das Medium (z. B. das isolierende

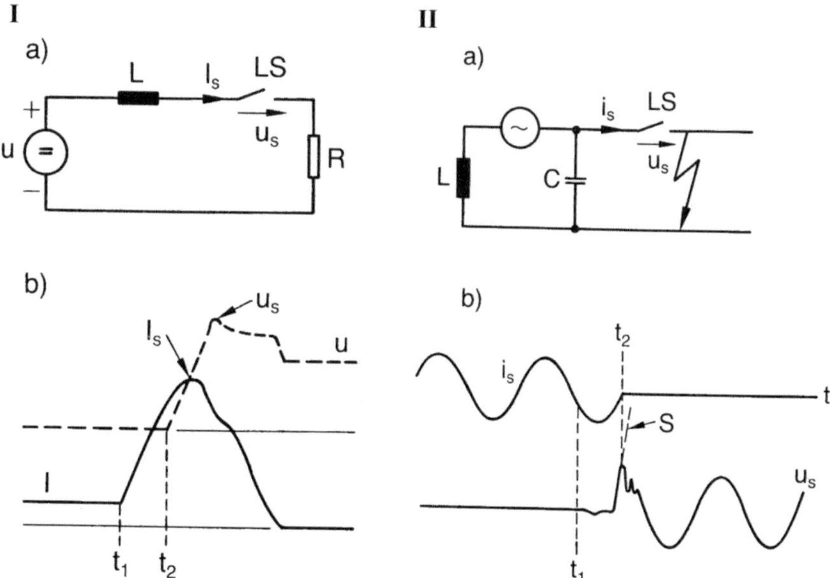

Abb. 2.20 I – Gleichstromlöschprinzip, II – Wechselstromlöschprinzip, jeweils a) vereinfachtes Ersatzschaltbild, b) Verlauf von Strom I_s und Lichtbogenspannung u_s. t_1: Kurzschlusszeitpunkt; t_2: Kontakttrennung; S: Steilheit der wiederkehrenden Spannung. (Quelle: Hitachi Energy)

Gas SF6) angepasst. Die Ionisation der Lichtbogenstrecke wird durch Beblasung des ionisierten Luftstroms aufgrund thermischer Konvektion (Selbstblasprinzip) bzw. durch gesteuerte Gasbewegung (Blaskolbenprinzip) erreicht. Abb. 2.21 zeigt den Ausschaltvorgang eines Hochspannungsleistungsschalters, der nach dem Selbstblasprinzip arbeitet. Die vier Phasen des Ausschaltens verdeutlichen die Funktionsweise.

Abb. 2.22 zeigt die tatsächliche Hochspannungsschaltanlage. Im Vordergrund sind vier Felder mit jeweils drei Hochspannungsschaltern, die jeweils aus zwei Löschkammern bestehen.

Wandler

Die Messung von Strom und Spannung ist ein integrierter Bestandteil einer Hochspannungsschaltanlage. Die auf der Hochspannungsseite gemessenen Werte werden in den Sekundärkreis übertragen und in der Regel digital an Anzeigetafeln, Zähler oder Schutzgeräte weitergeleitet.

Die Messwandler müssen die für Hochspannungsgeräte typischen Bedingungen, insbesondere die Kurzschlussfestigkeit, erfüllen.

Die Wandler können in mehreren vom VDE (IEC) definierten Genauigkeitsklassen gefertigt werden. Die Klassen 0,2 und 0,5 sind für Verrechnungszwecke vorgesehen. Klasse 3 wird für die Überstrom- und Überspannungsrelais genutzt.

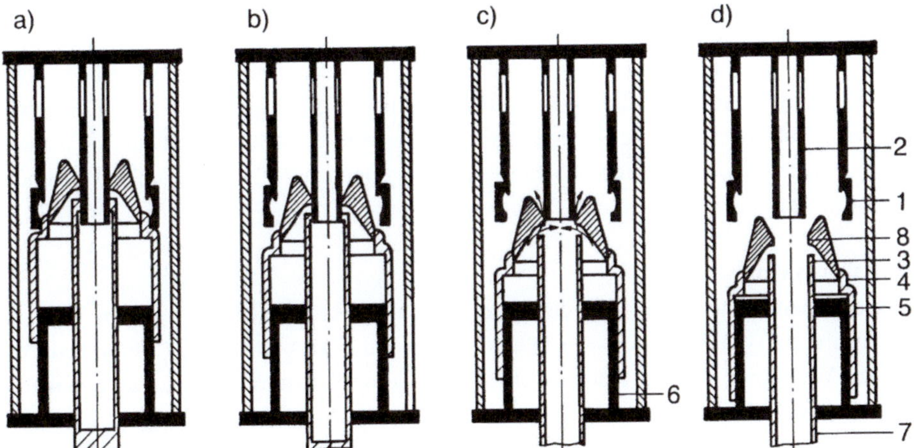

Abb. 2.21 Selbstblasprinzip für Hochspannungsleistungsschalter. Ausschalten von Kurzschluss-strömen (nach dem Selbstblasprinzip). a) Einschaltstellung. b) Beginn der Ausschaltbewegung. c) Trennung der Lichtbogenkontakte. d) Ausschaltstellung. (1) Fester Dauerstromkontakt, (2) fester Lichtbogenkontakt, (3) beweglicher Lichtbogenkontakt, (4) beweglicher Dauerstromkontakt, (5) Kompressionsvolumen, (6) Heizvolumen, (7) Schaltstange, (8) Löschdüse. (Quelle: Hitachi Energy)

Abb. 2.22 Eine Schaltanlage. Im Vordergrund die Hochspannungsleistungsschalter. (Quelle: 50Hertz)

Sie werden auf die jeweiligen Betriebsparameter der Primärseite des Wandlers ausgelegt und beinhalten deshalb Gießharz, SF$_6$-Gas oder Verbundisolation. Auf der Sekundärseite werden Strom und Spannung normiert: für Stromwandler auf die Werte 0–5 A und für Spannungswandler auf die Werte 0–100 V. Durch die Anwendung der Digitaltechnik auf der Sekundärseite ist die Einstellung der Messwerte einfach per Software zu parametrieren. In der Hochspannungstechnik werden oft sogenannte Kombiwandler verwendet, die Strom- und Spannungswandler in einem Gehäuse vereinen.

Transformator

Netzstationen dienen nicht nur der Verteilung elektrischer Energie, sondern auch der Hochstufung (Transformation) der Spannung für den Transport und der Herunterstufung für die Verteilung. Dazu werden Hochspannungstransformatoren eingesetzt. Schaltanlagen, die solche Transformatoren beinhalten, werden auch Transformatorenstationen oder Trafostationen genannt.

Ein Hochspannungstransformator wird gemäß allgemeinen Kriterien für Hochspannungsanlagen ausgewählt.

Das Verhältnis zwischen beiden Spannungen wird als Übersetzungsverhältnis bezeichnet. Je nach Anschlussort (Koppelstellen im Netz, Kraftwerk zum Netz oder Industrieanlage zum öffentlichen Netz) werden die Transformatoren wie folgt aufgeteilt:

- Hochspannungstransformatoren zum Anschluss von Hochspannungsnetzen:
    - Anschlussbeispiele: 380 kV/220 kV, 380 kV/110 kV, 220 kV/110 kV
    - Übliche Bemessungsleistung > 100 MVA
    - Als Gruppe von drei Einphasentransformatoren oder als ein Dreiphasentransformator aufgebaut
- Mittelspannungstransformatoren zum Anschluss von Mittel- und Niederspannungsnetzen:
    - Anschluss zwischen 110 kV und 10 kV, 20 kV oder 30 kV
    - Übliche Bemessungsleistung: 12–63 MVA
    - Aufbau als Dreiphasentransformator
- Niederspannungstransformatoren zum Anschluss von Mittel- und Niederspannungsnetzen:
    - Anschluss zwischen Mittelspannungsnetz und 0,4-kV-Netz
    - Bemessungsleistung: 250–2000 kVA

Der Transformator kann mithilfe des Ersatzschaltbilds (ESB) in Abb. 2.23 dargestellt werden.

Die Leistungstransformatoren weisen ein definiertes Übersetzungsverhältnis Ü auf, das in Gl. 2.8 dargestellt ist.

$$\ddot{u} = \frac{U_p}{U_s} \cong \frac{n_p}{n_s} \tag{2.8}$$

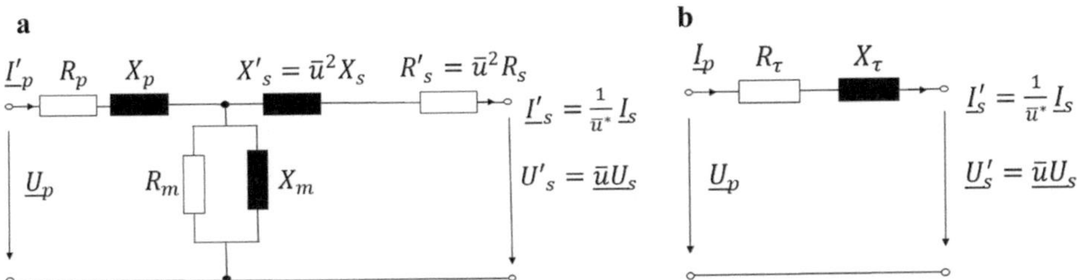

Abb. 2.23 Ersatzschaltbild eines Transformators. **a)** Detailliertes ESB. **b)** Vereinfachtes ESB. $\underline{U}_p, \underline{U}_s$: Spannungen der Primär- und Sekundärseite eines Transformators; $\underline{I}_p, \underline{I}_s$: Ströme der Primär- und Sekundärseite eines Transformators; R_p, R_s: Transformatorwicklungswiderstände; X_p, X_s: Streureaktanzen; R_m, X_m: Widerstand durch Eisenverluste; $\overline{u}$: Übersetzungsverhältnis des Transformators (komplexe Zahl); X_m: Hauptreaktanz

wobei:

- U_p, U_s sind die Spannungen der Primär- und Sekundärseite,
- n_p, n_s sind die Windungszahlen der Primär- bzw. Sekundärseite.

Die Leistungstransformatoren können in verschiedenen Schaltgruppen betrieben werden. Welche Schaltgruppe verwendet wird, hängt von der Bestimmung der Transformatoren ab. Oft kommen auch Dreiwicklungsverteilungstransformatoren zum Einsatz, wenn auf der Verteilerseite zwei verschiedene Spannungen genutzt werden, beispielsweise eine für kommunale Verbraucher und eine für die Industrie.

Die Transformatoren besitzen auf der US-(Unterspannungs-)Seite häufig auch Stufenschalter. Eine motorgetriebene Regelung der Windungszahl erlaubt es, die Übersetzung des Transformators an die Netzbelastung anzupassen. Bei einer hohen Belastung sinkt die Spannung in den betroffenen Netzen nämlich und muss durch eine Erhöhung der Wicklungsspannung ausgeglichen werden. Die Stufenschalterregelung erfolgt automatisch und spielt eine wichtige Rolle bei der Spannungshaltung in Verteilungsnetzen.

In Abb. 2.24a ist ein Hochspannungstransformator zu sehen, der auf einer Schaltanlage (Netzstation) installiert ist. Zu sehen sind die Anschlüsse der drei Wicklungen von Primär- und Sekundärseite sowie die Radiatoren der Kühlanlagen der Wicklungen.

Abb. 2.24b zeigt die Montagephase der Wicklungen eines Hochspannungstransformators. An der linken Seite des Bilds, etwas unterhalb der Hauptwicklungen, befindet sich der Stufenschalter, dessen Stufen mit den Anzapfungen der Hauptwicklungen verbunden sind.

Abb. 2.24 a) Hochspannungstransformator angeschlossen in einer Schaltanlage (Quelle: stock.adobe.com/Aleksij Kravtschuk). b) Wicklungen eines Hochspannungstransformators (Quelle: stock.adobe.com/Andrii)

2.3.3 Netzschutztechnik [12, 13]

Die Aufgabe der Schutztechnik besteht darin, Fehler schnell und selektiv zu erkennen und im Netz zu isolieren, um die Auswirkungen des Fehlers so gering wie möglich zu halten. Da nichtausgeschaltete Fehler große Schäden anrichten können (z. B. einen Transformatorbrand), müssen die Schutzgeräte mit höchster Verfügbarkeit und Zuverlässigkeit arbeiten. Die heute üblichen Schutzgeräte oder -systeme werden als Digitalgeräte mit Mikroprozessoren gefertigt.

Man kann die Schutzgeräte allgemein in folgende Gruppen unterteilen:

- Grenzwertschutz:
    - Überstromschutz: Überwachung der Überschreitung von Stromgrenzwerten, die auch als zeitabhängige Charakteristik angegeben werden können
    - Überlastschutz: Überwachung der thermischen Belastung der geschützten Anlage
    - Frequenzrelais: Überwachung der Netzfrequenz
    - Spannungsrelais: Überwachung der Anhaltung der Nennspannung
    - Spezialschutzeinrichtungen (z. B. Windungsschlussrelais, Buchholzrelais)
- Vergleichsschutz:
    - Differenzialschutz: Überwachung der Isolation durch Vergleich von Stromflüssen
    - Sammelschienenschutz: Überwachung der Ströme gemäß des Kirchhoff'schen Gesetzes
- Richtungsschutz:
    - Distanzschutz: lokalisiert den Fehler auf Grundlage einer Impedanzmessung
- Automatische Wiedereinschaltung (AWE): In Freileitungen wird eine Schaltsequenz realisiert, die zur Selbstlöschung von Fehlerlichtbögen führen kann.

Die Schutzgeräte, die die oben genannten Funktionen realisieren, sind in Systemen gebündelt, die bestimmten Anlagen (z. B. Generatoren oder Transformatoren) zugeordnet sind.

Ein Beispiel ist der Transformatorschutz, der Schutzmaßnahmen gegen elektrische, thermische und mechanische Schäden für Transformatoren umfasst. Diese Schutzmaßnahmen werden durch entsprechende Schutzeinrichtungen realisiert:

- Überstromschutz: Sicherungen oder Leistungsschalter gegen Kurzschlüsse und Überlast
- Differenzialschutz: erkennt interne Fehler durch Vergleich von Eingangs- und Ausgangsströmen
- Buchholz-Schutz: detektiert Gasbildung und Ölbewegungen bei internen Fehlern (z. B. Lichtbögen)
- Thermoschutz: Temperaturüberwachung, Abschaltung bei Überhitzung
- Erdschlussschutz: erkennt Erdschlüsse im Wicklungsbereich

- Druckschutz: schützt vor Überdruck im Transformatorgehäuse
- Normen: DIN EN 60.076 und VDE 0532 regeln die Schutzvorgaben.

Regelmäßige Wartung und Diagnose (z. B. Öltests, Isolationsmessung) ergänzen den Schutz.

2.4 Informations- und Kommunikationstechnik

Die Primärtechniksysteme im Smart Grid sind durch Sekundärtechnik eng miteinander verbunden und gesteuert. Erst durch die Digitalisierung der Schutztechnik und den Einsatz internationaler Kommunikationsprotokolle wie IEC 61850 (siehe auch Abschn. 1.3) wurde diese Idee realisierbar. Die vernetzte Netzleittechnik ermöglicht eine grundsätzlich automatische Steuerung des Systems.

Wie in Abb. 1.1 dargestellt, wurden auf verschiedenen Stufen des Systems Steuerzentralen (Leitwarten) zur Überwachung und Steuerung komplexer Anlagen entwickelt. So gibt es beispielsweise adressierte Leitwarten für einzelne Kraftwerke, die alle technologischen Prozesse vor Ort überwachen. Es gibt auch Leitwarten für wichtige Schaltanlagen. Die Leitwarten für regionale Verteilungsnetze, welche die Aufgaben der Verteilungsnetze integrieren, spielen in Smart Grids eine zunehmend größere Rolle. Funktionell wird aber die Regelzone aus einer zentralen Leitwarte geführt. Dort konzentrieren sich alle wichtigen Informationen aus Messungen, die z. B. den Neuzustand so genau wie nötig abbilden. Abb. 2.25 zeigt das Control Center von 50Hertz.

Dies erlaubt sowohl die Überwachung des Netzes als auch die erforderlichen Steuerungsaktionen im Falle kritischer Zustände. Durch die Vernetzung der Daten mittels unterschiedlicher Protokolle wie IEC 61850 oder CIM ist außerdem der direkte Zugang zu allen Netzinformationen bis hin zu detaillierten technischen Angaben über einzelne Anlagen möglich. In kritischen Situationen ermöglicht dies die Durchführung von Simulationsberechnungen auf dem digitalen Zwilling des Netzes, um die Folgen möglicher Netzeingriffe abzuschätzen bzw. die Eingriffe zu optimieren. In die Leitwarte kann auch die Plattform für den Energiehandel integriert sein, die das technische Handeln mit der Bewertung seiner Wirtschaftlichkeit koppelt.

2.5 Zusammenwirken zwischen Übertragungs- und Verteilungsstrombetreibern

Die Aufgaben der Systemführung, die dem ÜNB obliegen, können in Smart Grids nur durch eine enge Zusammenarbeit mit den VNB bewältigt werden. Einerseits geht es um die Steuerung und Überwachung dezentraler Erzeuger, die in großem Ausmaß in die Verteilungsnetze bis zur Spannungsebene von 110 kV einspeisen. Andererseits geht es um

Abb. 2.25 Moderne Netzleitwarte für die Steuerung von elektrischen Energiesystemen. (Quelle: 50Hertz)

die Erbringung von Systemdienstleistungen durch diese lokalen Erzeuger und VNB, um die Spannungshaltung und den Blindleistungshaushalt im Gesamtsystem zu unterstützen.

In den letzten Jahren wurden daher Anstrengungen unternommen, um die Zusammenarbeit zwischen dem ÜNB und den in seinen Regelzonen tätigen VNB operativ zu gestalten. Dadurch konnten viele organisatorische, juristische und technische Herausforderungen einfacher bewältigt werden, um eine optimale Steuerbarkeit des Smart Grids zu gewährleisten. Die regionalen Netzbetreiber einer Regelzone koordinieren sich deshalb immer enger mit dem jeweiligen verantwortlichen Übertragungsnetzbetreiber und legen die nötigen Maßnahmen fest (z. B. den Blindleistungshaushalt). Diese Koordination ist in Form von Vereinbarungen festgehalten, die auch regelmäßig an die aktuellen Herausforderungen angepasst werden.

Tab. 2.3 zeigt beispielsweise die wichtigsten Einzelheiten aus dem Neun-Punkte-Programm für die Kooperation zwischen 50Hertz und den neun Flächen-VNB, die in seiner Regelzone tätig sind. Dieses Programm wurde im Jahr 2025 unterzeichnet und folgte dem früheren Zehn-Punkte-Programm aus dem Jahr 2014 [14].

Im Neun-Punkte-Programm (2025) wurden die Richtungsthesen aus dem Zehn-Punkte-Programm (2014), die sich grundsätzlich mit der Erbringung von SDL befassten, konkretisiert und um neue Aspekte bezüglich der Netzausbaukoordination ergänzt [14].

Tab. 2.3 Neun-Punkte-Programm der ARGE FNB Ost und des Übertragungsnetzbetreibers der Regelzone 50Hertz

---

Titel des Dokuments

Neun-Punkte-Programm der ARGE FNB Ost und des Übertragungsnetzbetreibers der Regelzone 50Hertz zur Weiterentwicklung der Systemdienstleistungen (SDL) mit Integration der Möglichkeiten von dezentralen Erzeugungsanlagen

Adressierte Bereiche

Netzausbau

1. Wir stimmen die dem Netzausbau zugrunde liegenden Daten und Prognosen soweit erforderlich und möglich ab und streben eine gemeinsame Planungsgrundlage für die Erstellung der gesetzlichen Planungsprozesse an.
2. Wir koordinieren soweit erforderlich und möglich den Netzausbau in der Höchst- und Hochspannungsebene der Regelzone 50Hertz und verständigen uns über die Zeitschiene der Abarbeitung.

Systemführung/Systemdienstleistungen

3. Wir entwickeln die Prozesse der SDL „Frequenzhaltung" weiter, damit die Bereitstellung von Regelenergie auch zukünftig aus allen zur Verfügung stehenden Energieanlagen für die Systemstabilität und -sicherheit aller Spannungsebenen gewährleistet bleibt. Dabei denken wir an Wechselwirkungen und Koordinationen netzübergreifender Prozesse.
4. Wir erschließen weiter die Potenziale der SDL „Spannungshaltung" mit den zukünftig zur Verfügung stehenden Anlagen zur Blindleistungsbereitstellung, prüfen Wechselwirkungen mit weiteren Vorgaben und führen Pilotprojekte durch.
5. Wir entwickeln die notwendigen Maßnahmen der SDL „Betriebsführung" weiter, indem wir die notwendigen Maßnahmen beschreiben und umsetzen, und wir verstärken die Zusammenarbeit und Vernetzung der Netzbetreiber untereinander und mit den Netznutzern, insbesondere bei der Netz- bzw. Systemführung. Für die betroffenen Mitarbeiter führen wir gemeinsame Trainings und Schulungen durch.
6. Wir prüfen bei der SDL „Versorgungswiederaufbau" die Auswirkung der veränderten Erzeugungslandschaft, leiten Maßnahmen für das bestehende zentrale Konzept ab und führen Pilotprojekte durch.
7. Wir unterstützen einander, die Sicherheit unserer Netze sowohl physisch als auch informationstechnisch aufrecht zu erhalten, indem wir uns gemeinsam auf mögliche Krisen vorbereiten und uns zu Erfahrungen und Best Practices auszutauschen.

Kommunikation intern und extern

8. Wir entwickeln den Daten- und Informationsaustausch insbesondere von Stammdaten, Prognosedaten sowie Onlinedaten weiter, da datengetriebene Prozesse wie z. B. Redispatch eine stetig wachsende Rolle in der Wahrnehmung unserer Versorgungsaufgabe einnehmen.
9. Wir tauschen uns zu den Auswirkungen von gesetzlichen und regulatorischen Maßnahmen aus Sicht der Netzbetreiber aus und kommunizieren unsere Erkenntnisse und Änderungsbedarf insbesondere in Richtung der verschiedenen Branchenverbände.

(Fortsetzung)

Tab. 2.3 (Fortsetzung)

Beteiligte Unternehmen

Avacon Netz GmbH, E.DIS, MITNETZ STROM, SachsenNetze, Stromnetz Berlin GmbH,
Hamburger Energienetze GmbH, Netze Magdeburg GmbH, TEN Thüringer Energienetze GmbH
& CO. KG, WEMAG Netz GmbH, 50Hertz Transmission GmbH

Fragen zu Kap. 2

A) Wie viele Stunden pro Jahr arbeiten Grundlastkraftwerke im Durchschnitt?

   a) 3000

   b) 7000

   c) 10.000

B) Welchen Wirkungsgrad erzielen Kraft-Wärme-Kopplungs-Kraftwerke?

   a) 25 %

   b) 60 %

   c) 90 %

C) Welche Leistung haben Offshore-Windanlagen im Durchschnitt?

   a) 1 MW

   b) 6 MW

   c) 10 MW

D) In welchem Prozentanteil ist die Wasserkraft am Energiemix in Deutschland beteiligt?

   a) 30 %

   b) 25 %

   c) 4 %

E) Welchen Anteil stellen die erneuerbaren Energien am Energiemix in Deutschland heute (2025) dar?

   a) Etwa 10 %

   b) Zwischen 50 % und 80 %

   c) Über 80 %

F) Was verstehen Sie unter dem Begriff „Prosumer"?

   a) Einen privaten Energieverbraucher, der auch Energie erzeugt

   b) Einen Verbraucher, der nur grüne Energie bezieht

   c) Einen Verbraucher, der genauso viel Energie erzeugt, wie er bezieht

G) Welches Gas wird primär im Rahmen der Power-to-Gas-Wandlung gewonnen?

   a) Methan

   b) Butan

   c) Wasserstoff

H) Die Hochspannungskabelverbindungen sind teurer als die Freileitungsverbindungen?

   a) um 10 %

   b) Dreifach

   c) Zehnfach

I) Das Löschen von Gleichstromlichtbögen in einem DC-Schalter ist schwierig, denn
   a) die DC-Spannung hat keinen Nulldurchgang.
   b) Gleichstrom fließt nur in eine Richtung.
   c) die DC-Spannung lässt sich nicht messen.

J) Hochspannungsschalter besitzen oft mehrere Löschkammern,
   a) weil eine Kammer konstruktionsbedingt nicht möglich ist.
   b) weil die Teilung des Lichtbogens seine Löschung erleichtert.
   c) aus Transportgründen.

K) Die Kabelverbindung trägt im Netzbetrieb den Charakter einer
   a) Kapazität.
   b) Induktivität.
   c) Reaktanz.

L) Von der Netzleitwarte des ÜNB aus kann man sie nicht ausschalten:
   a) Die Übertragungsleitungen in die anderen Regelzonen
   b) Die Kraftwerke in der Regelzone
   c) PV-Anlagen auf Privathäusern.

Lösungen: 1b, 2b, 3b, 4c, 5b, 6a,7c, 8b, 9a, 10b, 11a, 12c

Literatur

1. Komarnicki K, Kranhold M, Styczynski Z A (2021) Sektorenkopplung ? Energetisch-nachhaltige Wirtschaft der Zukunft Grundlagen, Modell und Planungsbeispiel eines Gesamtenergiesystems (GES) Springer Wiesbaden ISBN 978-3-658-33558-8
2. Oeding D, Oswald B R (2016) Elektrische Kraftwerke und Netze. Springer Verlag. ISBN 978-3-662-52702-3
3. Zahoransky R (Hrsg.) (2022) Energietechnik, Springer Verlag 2022, ISBN 978-3-658-34830-4
4. Buchholz B M, Styczynski Z A (2021) Smart Grids Fundamentals and Technologies in Electric Power Systems of the future Springer Berlin, Heidelberg ISBN 978-3-662-60932-3
5. Würfel P (2005) Physics of Solar Cells. From Principles to New Concepts. Wiley-VCH Verlag
6. Giesecke J, Mosonyi E (2013) Wasserkraftanlagen. Planung, Bau und Betrieb. Springer Verlag
7. Styczynski Z, Welfonder T, Freund H (1996) Nutzung eines Neuronale-Netze-Verfahrens zur Lastmodellierung für die Netzplanung. Elektrizitätswirtschaft, Jg. 95 (1996), H.4, pp. 182–188
8. Komarnicki P, Haubrock J, Styczynski Z A (2017) Elektromobilität und Sektorenkopplung Infrastruktur- und Systemkomponenten Springer Vieweg Berlin, Heidelberg ISBN 978-3-662-62035-9
9. Komarnicki P, Lombardi P, Styczynski Z A (2021) Elektrische Energiespeichersysteme Flexibilitätsoptionen für Smart Grids Springer Vieweg Berlin, Heidelberg ISBN 978-3-662-62801-0
10. Installierte Netto-Leistung zur Stromerzeugung in Deutschland 2025 (2025) Energy-Charts FHG ISE. https://www.energy-charts.info/charts/installed_power/chart.htm?l=de&c=DE&legendItems=ez3. Abgerufen 26.06.2025

11. Komarnicki K, Kranhold M, Styczynski Z A (2023), Gesamtenergiesystem der Zukunft (GES) Sektorenkopplung durch Strom und Wasserstoff Springer Vieweg Wiesbaden ISBN 978-3-658-42815-0

12. Kopatsch S, Kopatsch S (2020) ABB-Schaltanlagen-Handbuch (2020) ABB

13. Marenbach R, Jäger J, Nelles D (2020) Elektrischen Energietechnik 3. Auflage. Springer Verlag. ISBN 978-3-658-29491-5

14. 10-Punkte-Programm (2014) 50Hertz Transmission GmbH. https://www.50hertz.com/xsp Proxy/Api/StaticFiles/newsxsp/50hertz_flux/dokumente/10_punkte_programm_systemsicher heit-langfassung.pdf. Abgerufen 08.08.2025

Energiemarkt 3

Inhaltsverzeichnis

3.1   Grundlagen des Energiemarkts

3.1.1   Energiemarkt und Produkte

Die marktbasierte Energieversorgung ist eine wesentliche Grundlage einer modernen Wirtschaft. Hierzu werden elektrische Leistung und elektrische Energie als physikalische Größe in handelbare Produkte auf verschiedene Plattformen überführt. Die elektrische Leistung bildet das Produkt der Zeitfunktion von Spannung u(t) und Strom i(t) (Gl. 3.1):

$$p(t) = u(t) \cdot i(t). \tag{3.1}$$

Die elektrische Energie ist ein Produkt aus der Leistung und der Zeit, die mit einem Integral in einer Zeitperiode t1 bis t2 berechnet werden kann, wie in Gl. 3.2 angegeben:

$$E = \int_{t1}^{t2} p(t)dt. \tag{3.2}$$

Elektrische Energie, umgangssprachlich auch als Strom bezeichnet,[1] ist als Produkt nicht ohne Weiteres speicherbar. Die elektrischen Größen Leistung und Strom sind nur in Echtzeit messbar, d. h., vor der Messung (z. B. für die Bedarfsplanung oder den Energiehandel) können diese elektrischen Größen nur geschätzt (prognostiziert) werden. Mittels Ertrags- und Lastprognosen (Bilanzkreismanagement, Abschn. 3.1.2) erfolgt diese Abschätzung als Grundlage für einen ausgeglichenen Netzbetrieb.

Die Mengen an elektrischer Energie, die speicherbar sind, erlauben heute noch keinen nennenswerten Energiehandel. Zur Veranschaulichung: Der tägliche Stromverbrauch in Deutschland liegt bei ca. 1,3 TWh (1300 GWh), die Speicherkapazität der deutschen Pumpspeicherkraftwerke (derzeit größter Speicher) beträgt 38 GWh. Somit könnte der Stromverbrauch theoretisch für 1 min gedeckt werden.

Die beiden Parameter Leistung und Energie (Strom) als zeitabhängige Größen haben einen wesentlichen Einfluss auf die Dimensionierung und den Betrieb des Smart Grids. Dies wurde in Abschn. 1.1 ausführlich beschrieben.

Strommarktdesign

Die nationalen Energiemärkte in der Europäischen Union wurden in den letzten Jahrzehnten als Bestandteile eines europäischen Energiebinnenmarkts liberalisiert, d. h., die Strommonopole wurden aufgelöst und die Kunden können ihren Lieferanten frei wählen. Mit der Umsetzung der EU-Binnenmarktrichtlinien folgte auch Deutschland schrittweise dieser Entwicklung und öffnete 1998 die Märkte für Strom und Gas. Entlang der Wertschöpfungskette von der Energieerzeugung bis zum Energievertrieb und der -abrechnung besteht ein wettbewerblicher Ansatz zwischen den verschiedenen Marktakteuren. Ausgenommen ist das Gas- bzw. Stromnetz über alle Druckstufen bzw. Spannungsebenen als Voraussetzung für die Energielieferung. Mit der Öffnung des Energiehandels erfolgte die staatliche Regulierung der Stromnetze als natürliche Monopole.

Die Netzregulierung ist ein wichtiges Element und Voraussetzung für den Energiehandel, stellt für dieses Kapitel jedoch keinen Schwerpunkt dar und soll nur kurz umrissen werden.

Die rechtliche Grundlage dieser Regulierung ergibt sich aus den EU-Binnenmarktrichtlinien, insbesondere dem dritten Energiepaket, das eine Entflechtung von Netz und Wettbewerbssparten sowie die Einrichtung unabhängiger Regulierungsbehörden vorsieht. In Deutschland wurde dies durch das Energiewirtschaftsgesetz (EnWG) umgesetzt. Die Regulierung der Stromnetze erfolgt über die sogenannte Anreizregulierung. Damit wird das Ziel verfolgt, Effizienz und Kostendisziplin bei den Netzbetreibern zu fördern, obwohl diese als natürliche Monopole keinem direkten Wettbewerb ausgesetzt sind. Hierzu erhalten die Netzbetreiber innerhalb einer befristeten Regulierungsperiode

---

[1] Die Bezeichnung der elektrischen Energie mit dem Wort Strom geht auf die Tatsachen zurück, dass die elektrische Spannung in den Netzknoten ziemlich konstant ist, sodass die elektrische Leistung genau proportional zum gerade fließenden Strom ist und man sich als gemessenes Zeitintervall eine Stunde vorstellt.

einen jährlichen Maximalertrag zugewiesen. Liegen die Kosten des Netzbetreibers darunter, erwirtschaftet er einen Gewinn. Liegen diese darüber, verbucht er einen Verlust.

Die zentrale Rolle in der Netzregulierung übernimmt die Bundesnetzagentur. Sie stellt den diskriminierungsfreien Netzzugang sicher, genehmigt die Netzentgelte, überwacht die Einhaltung der regulatorischen Vorgaben und begleitet die Netzentwicklungsplanung, insbesondere im Kontext der Energiewende.

Der Strommarkt bringt Angebot und Nachfrage effizient zusammen, wobei das zentrale Steuerungselement des Markts der Preis ist. Es wird grundsätzlich zwischen dem börslichen Energiehandel („Energy-only"-Markt) und dem Regelenergiemarkt unterschieden.

Die Strombörse als Teil des börslichen Energiehandels dient zum bilanziellen Ausgleich von Erzeugung und Bedarf elektrischer Energie in einem Marktgebiet mit unterschiedlichen Lieferzeitpunkten. Man unterscheidet zwischen dem Spotmarkt, der als Handelsplatz für kurzfristig lieferbaren Strom dient, und dem Terminmarkt (Vorlauf von bis zu mehreren Jahren) zum Handel mit Derivaten (Finanzinstrumenten). Es wird ausschließlich Energie (MWh) gehandelt. Hierbei wird das elektrische Netz als engpassfrei betrachtet („Kupferplatte"), somit reduziert es den Handel auf die finanzielle Transaktion. Zusätzlich sind auch außerbörslich bilaterale Verträge (OTC-Handel) üblich, beispielsweise für eine Bandlieferung für Industrieanlagen.

Der Regelenergiemarkt dient zum Ausgleich physikalischer Schwankungen innerhalb einer Regelzone und auch regelzonenübergreifend. Er unterscheidet sich insoweit von der Strombörse, dass er nur qualifizierten Marktteilnehmern offensteht und der Einsatz im Vorfeld geplant wird, aber der Abruf der Produkte zum Zeitpunkt des Bedarfs erfolgt. Organisiert und koordiniert wird dieser durch die Übertragungsnetzbetreiber. Wesentliche Produkte sind die Bereitstellung von Primär-, Sekundär- und Tertiärregelleistung, die zur Netzfrequenzstabilität dienen. Im Vergleich zur Strombörse wird hier die Lieferung von elektrischer Leistung über einen Zeitfaktor vergütet.

In Abb. 3.1 ist das Strommarktdesign schematisch dargestellt.

Der europäische Energiebinnenmarkt – Rechtsrahmen und Integrationsstand

Der europäische Energiebinnenmarkt ist ein zentrales Projekt der Europäischen Union (EU) zur Schaffung eines einheitlichen, wettbewerbsfähigen, sicheren und nachhaltigen Markts für Strom und Gas. Ziel ist es, nationale Energiemärkte zu verbinden, Handel zu erleichtern und Versorgungssicherheit sowie Umweltverträglichkeit zu erhöhen [2].

- **Europarechtlicher Rahmen**

Die Grundlage für den Energiebinnenmarkt wurde mit dem **Vertrag über die Arbeitsweise der Europäischen Union (AEUV)** geschaffen. Artikel 194 AEUV legt die

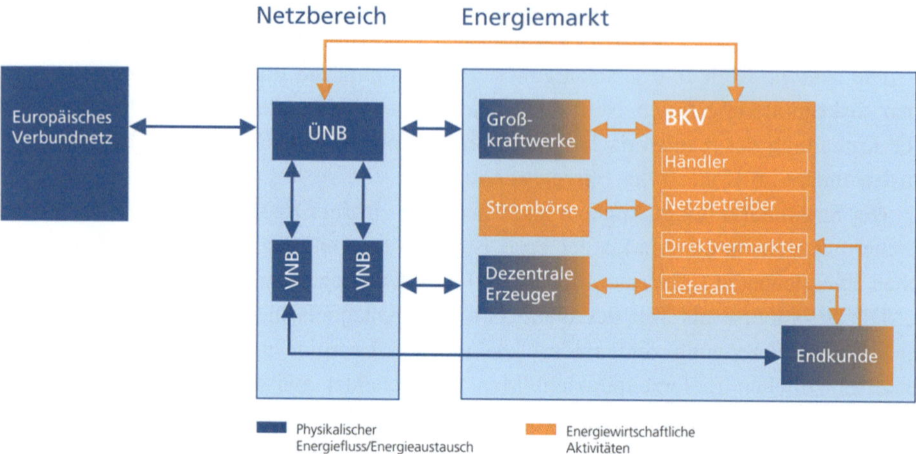

Abb. 3.1 Strommarktdesign [1]

Energiepolitik der EU fest und betont Ziele wie die Sicherstellung der Energieversorgung, die Förderung von Energieeffizienz, den Ausbau erneuerbarer Energien sowie die Förderung der Marktintegration.

Konkret wurde die Marktöffnung durch mehrere **Energiebinnenmarktpakete** vorangetrieben:

- **1. Liberalisierungspaket (1996):** Beginn der Liberalisierung durch ersten Zugang Dritter zu den Netzen („third party access") und Entflechtung von Erzeugung, Netz und Vertrieb
- **2. Liberalisierungspaket (2003):** Einführung von Regulierungsvorgaben und nationalen Regulierungsbehörden
- **3. Liberalisierungspaket (2009):** stärkere Entflechtung („unbundling") der Übertragungsnetzbetreiber, Einrichtung der Agentur für die Zusammenarbeit der Energieregulierungsbehörden (**ACER**) und Gründung des Netzwerks europäischer Übertragungsnetzbetreiber für Strom (**ENTSO-E**)
- **Clean Energy Package (2019):** Fokus auf erneuerbare Energien, Energieeffizienz und Verbraucherrechte, u. a. durch die **Strommarktverordnung (EU) 2019/943** und die **Strommarktrichtlinie (EU) 2019/944**

Diese Rechtsakte sind teils unmittelbar als nationales Recht anwendbar (Verordnungen) oder müssen in nationales Recht umgesetzt werden (Richtlinien).

- **Institutionelle Struktur und Marktaufsicht**

Die Regulierung des Markts erfolgt auf mehreren Ebenen:

- **ACER** koordiniert die nationalen Regulierungsbehörden, überwacht grenzüberschreitende Fragen und kann verbindliche Entscheidungen treffen.
- **ENTSO-E** entwickelt Netzkodizes, erstellt Zehnjahresnetzentwicklungspläne und koordiniert den Systembetrieb.
- Nationale Regulierer (z. B. die Bundesnetzagentur in Deutschland) setzen Vorgaben auf nationaler Ebene um, regulieren Netzentgelte und wachen über faire Marktbedingungen.

- **Integration der Strommärkte**

Technisch und wirtschaftlich ist der europäische Strommarkt zunehmend integriert, insbesondere durch die Kopplung der Day-Ahead- und Intraday-Märkte (Spotmarkt). Im Rahmen der sogenannten Marktkopplung werden verfügbare grenzüberschreitende Leitungskapazitäten in den Handel einbezogen, sodass Strom dort produziert wird, wo er am günstigsten ist. Das Marktmodell basiert auf dem Prinzip des „Netzengpassmanagements" (Flow-Based Market Coupling) in Zentralwesteuropa.

Mit Stand 2024 sind 27 EU-Mitgliedstaaten sowie mehrere weitere Länder wie Norwegen, Schweiz (teilweise), Island und Großbritannien (teils über Kooperationsabkommen) in unterschiedlichem Umfang in den Strombinnenmarkt eingebunden. Insgesamt umfasst das gekoppelte europäische Strommarktsystem derzeit rund 30 Staaten. Die physikalische Netzsynchronisation erfolgt im kontinentalen Verbundnetz (UCTE) sowie über Schnittstellen zu Skandinavien und Großbritannien.

Diese breite Integration hat erhebliche Auswirkungen auf die Strompreisbildung:

- Preisangleichung in benachbarten Ländern ist ein direktes Ergebnis der Marktkopplung. Wenn z. B. Deutschland einen Stromüberschuss bei niedrigen Erzeugungskosten hat (etwa durch Windkraft), profitieren auch Nachbarländer von günstigeren Preisen.
- Wettbewerb über Grenzen hinweg erhöht die Effizienz der Stromproduktion und fördert den Ausbau flexibler und erneuerbarer Erzeugung.
- Gleichzeitig führt die Preisbildung auf europäischer Ebene zu höherer Volatilität, da auch externe Faktoren (z. B. französische Kernkraftwerksverfügbarkeit oder skandinavische Wasserstände) Einfluss auf den Markt nehmen.

Trotz der Fortschritte bestehen weiterhin Herausforderungen:

- Unterschiedliche nationale Energiemixstrategien (z. B. Kohleausstieg, Atomkraftnutzung)
- Abweichende Subventionsmechanismen und Kapazitätsmärkte

- Langsame Harmonisierung von Netzregeln und nationalen Regularien

Die vollständige Integration wird auch durch physikalische Netzausbauhemmnisse (z. B. fehlende Nord-Süd-Korridore) erschwert. Dennoch zeigt sich etwa beim Strompreis eine zunehmende Konvergenz in vielen Teilen Europas – ein Indikator für erfolgreichen Marktmechanismus.

Exkurs Spotmarkt

Die erste Strombörse entstand im Jahr 1992 in Skandinavien mit der Nord Pool. In Deutschland wird Strom seit 2001 an der Börse EEX (European Energy Exchange) mit Sitz u. a. in Leipzig gehandelt.

Der Spotmarkt ist ein Teil des börslichen Energiehandels, an dem u. a. auch Erdgas, CO_2- Zertifikate und andere Energieprodukte gehandelt werden. Andere Länder wie Österreich, Belgien, die Niederlande, Polen etc. verfügen über eigene Spotmärkte, die unter dem Dach der europäischen Strombörse EPEX SPOT SE (Teil der European Power Exchange [EEX]) zusammengefasst sind. Diese Börse ist für den kurzfristigen Stromgroßhandel in Belgien, Dänemark, Deutschland, Finnland, Frankreich, Großbritannien, Luxemburg, den Niederlanden, Norwegen, Österreich, Polen, Schweden und der Schweiz zuständig. Das politische Ziel ist, diese Marktplätze weiter zu verbinden und die Entwicklung des europäischen Energiebinnenmarkts zu vollenden.

Am Spotmarkt werden Angebot und Nachfrage für bestimmte Zeitintervalle in einer Perspektive von ein bis zwei Tagen in der Zukunft zusammengeführt, um einen Gleichgewichtspreis zu bestimmen. Es gibt verschiedene Mechanismen zur Bestimmung des Gleichgewichtspreises an der Strombörse während des Handels. Bekannt und im Einsatz sind u. a. [3, 4]:

- Gebotsverfahren Pay-as-Bid
- Merit-Order nur für „On-Demand"-Kraftwerke
- Locational Marginal Pricing (Nodal Pricing)
- Merit-Order-Prinzip

Beim *Gebotsverfahren Pay-as-Bid* werden nicht nur die variablen Kosten (auch Grenzkosten genannt), sondern auch der Deckungsbeitrag inklusive eines Risikoaufschlags in die Gebotshöhe eingerechnet. Das Verfahren wird für spezielle Flexibilitätsprodukte eingesetzt.

Die *Merit-Order-Methode „On-Demand"-Kraftwerke* (vorgeschlagen u. a. von Frankreich, Italien und Zypern) zielt auf eine Aufteilung der Erzeugungstechnologien ab, wobei EE und Kernenergie durch feste Preise pro kWh refinanziert werden sollen. Der Nachteil dieses Ansatzes ist, dass es keine Anreize für erneuerbare Energien gibt.

Die in vielen US-Bundesstaaten angewandte Methode des *Locational Marginal Pricing* unterscheidet sich vom Merit-Order-Prinzip nur dadurch, dass neben den Grenzkosten, die eigentlich für die Einspeisung des Kraftwerks gelten, auch die Engpässe, die durch die

Einspeisung entstehen, bepreist werden. Damit bildet dieses Modell der Handelsergebnisse weitestgehend den physikalischen Stromfluss ab.

Das Merit-Order-Prinzip – englisch für „Reihenfolge des Nutzens" – basiert auf der Rangfolge der Kraftwerke. Das Kraftwerk, das den Strom am günstigsten produziert, hat Vorrang. Dieses Prinzip wird bei den europäischen Strombörsen angewandt und soll daher im Folgenden ausführlicher beschrieben werden.

Im Merit-Order-Prinzip bilden die Grenzkosten [4] die Grundlage für die Einsatzreihenfolge der Kraftwerke. Grundlage hierfür sind die technologisch bedingt unterschiedlichen Grenzkosten.

▶ **Definition 3.1 – Grenzkosten [5]**
Der Begriff der Grenzkosten stammt aus der Betriebswirtschaftslehre und spielt in der Energiewirtschaft (wie in vielen anderen Wirtschaftszweigen) häufig eine wichtige Rolle. Man versteht darunter die zusätzlichen Kosten, die durch eine geringfügige Erhöhung der Produktion entstehen. Man wählt eine kleine Steigerung im Sinne einer differenziellen Betrachtung.

Die Grenzkosten (GK) können näherungsweise mit Gl. 3.3 [5] bestimmt werden:

$$GK = \frac{BS}{\eta} + EUA \cdot \frac{EM}{\eta} + VBK \tag{3.3}$$

wobei:

- GK – Grenzkosten in €/MWh$_{el}$
- η – Effizienz (Wirkungsgrad) des Kraftwerks
- BS – durchschnittliche Brennstoffkosten (inkl. Transportkosten) in €/MWh$_{th}$
- EUA – Emissionszertifikate €/tCO$_2$ der spezifischen Emission des Kraftwerks in tCO$_2$/MWh$_{th}$
- VBK – variable Betriebskosten

Bei einem Kohlekraftwerk ändern sich durch die Leistungssteigerung zur Erzeugung von mehr elektrischer Energie weder die Investitions- und Kapitalkosten noch die Personalkosten. Es kommt jedoch zu einem höheren Verbrauch, vor allem an Kohle, und zu höheren Kosten für die Entsorgung von Reststoffen (z. B. Asche). Außerdem können durch erhöhte CO$_2$-Emissionen (durch längeren Betrieb oder Teillastbetrieb) zusätzliche Kosten für Emissionszertifikate entstehen. Typische Grenzkosten für Kohlekraftwerke liegen zwischen 100 und 200 €/MWh. Niedrigere Werte ergeben sich bei niedrigen Zertifikatspreisen und bei modernen Braunkohlekraftwerken (90–190 €/MWh), die allerdings höhere Investitionskosten als Steinkohlekraftwerke aufweisen.

Bei den Gaskraftwerken gibt es sehr unterschiedliche Typen:

Gas- und Dampfkombikraftwerke haben einen hohen Wirkungsgrad, der heute bei ca. 60 % liegt. Trotz der höheren spezifischen Kosten von Erdgas (im Vergleich zu Kohle) liegen die Grenzkosten (100–250 €/MWh) daher oft auf oder leicht über dem Niveau von Steinkohlekraftwerken.

Gaskraftwerke mit einer offenen Gasturbine, die zur Spitzenlasterzeugung aufgrund ihres dynamischen Anfahrtsverhaltens eingesetzt werden, haben Wirkungsgrade von 30–40 % und daher deutlich höhere Grenzkosten (100–200 €/MWh). Da hier die Investitionskosten deutlich niedriger sind, ist dies bei einer geringen Volllaststundenzahl wirtschaftlich vertretbar.

Kernkraftwerke haben sehr hohe Investitions- und Kapitalkosten. Dagegen sind die Betriebskosten relativ niedrig und die Kosten für neue Brennelemente fallen kaum ins Gewicht. Das bedeutet, dass die Grenzkosten sehr niedrig sind – in der Größenordnung von 10 €/MWh. Allerdings kann ein Kernkraftwerk langfristig nur dann wirtschaftlich betrieben werden, wenn die Stromerlöse um ein Vielfaches höher liegen, da sonst die hohen Investitionskosten nicht amortisiert werden können. Eine ähnliche Charakteristik weisen viele andere Grundlastkraftwerke auf.

Die Kosten der regenerativen Erzeuger (u. a. Photovoltaik-, Windenergieanlagen) sind praktisch unabhängig davon, ob sie Strom erzeugen oder nicht (z. B. bei Abregelung wegen nicht nutzbarer Stromüberschüsse). Ihre Grenzkosten sind daher nahe null. Ähnlich wie bei Kernkraftwerken sind natürlich Einnahmen notwendig, um die Anfangsinvestition zu amortisieren.

Das Merit-Order-Verfahren zwingt die Stromanbieter (Kraftwerke), grundsätzlich ihre Gebote an den Grenzkosten auszurichten, da sie sonst in den resultierenden Kraftwerkseinsatzplänen nicht berücksichtigt werden.

- **Preisbildung am Spotmarkt**

Im Folgenden wird das Merit-Order-Prinzip, das zentrale Verfahren des Handels an der Strombörse, näher betrachtet. In Abb. 3.2 ist das Verfahren grafisch dargestellt.

In stündlichen Intervallen für den Day-Ahead-Handel werden die Gebote der Kraftwerke nach steigenden Grenzkosten geordnet. In Abb. 3.2 sind sechs Technologien dargestellt, die sich durch unterschiedliche Grenzkosten auszeichnen.

Zunächst erhalten die erneuerbaren Energien den Zuschlag (siehe auch Beispiel 3.1). Sie haben Grenzkosten nahe null. Dann folgen die Braunkohle-, Steinkohle-, GuD-, Gas- und Ölkraftwerke. Der Börsenstrompreis ergibt sich aus dem Gleichgewicht von Angebot und Nachfrage. Das letzte Angebot (sog. Grenzkraftwerk), das einen Zuschlag erhält, bestimmt den Börsenpreis und wird als Market Clearing Price (MCP) bezeichnet. Der

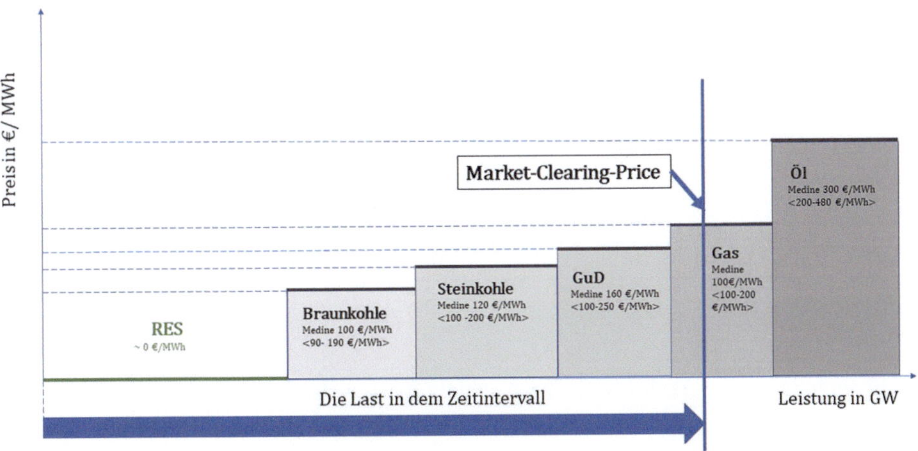

Abb. 3.2 Das Prinzip des Merit-Order-Verfahrens. Grenzkostenwerte für verschiedene Technologien nach IME [6]

Börsenpreis gilt dann für alle eingesetzten Kraftwerke. Damit erhalten alle Kraftwerke den gleichen Preis für ihre Einspeisung („Uniform Pricing" oder „Pay-as-Cleared"), auch wenn sie zuvor unterschiedliche Preise geboten haben.

Kraftwerke, die einen niedrigeren Preis als den erzielten MCP anbieten, erzielen einen Überschuss. Diese Marge, der Deckungsbeitrag, soll die eigenen Fixkosten ausgleichen. Wie schon bemerkt, das Merit-Order-Verfahren zwingt die Stromanbieter, ihre Angebote in etwa an den Grenzkosten zu orientieren – mit einem geringen Gewinnaufschlag.

In der Realität ist die Leistung der konkreten Kraftwerke (nicht der Technologien) in Bändern zwischen 100 und ca. 1000 MW abgebildet. Das bedeutet, dass eine Last von ca. 60 GW (was in Deutschland einer mittleren Last entspricht) von 50 und mehr Kraftwerken abgedeckt wird. Abhängig von den ermittelten Grenzkosten für die anbietenden Kraftwerke kann es in der Reihenfolge der Kraftwerke in der Merit-Order zu einer Überlappung der Technologien kommen.

Das Merit-Order-Prinzip soll an einem realitätsnahen Beispiel näher erläutert werden (Beispiel 3.1).

Beispiel 3.1 – Merit-Order

In Deutschland wird für einen fiktiven Freitag und die Stunden 13–14 Uhr und 17–18 Uhr ein gleich hoher Day-Ahead-Bedarf von 57 GW ermittelt. Für diese Stundenintervalle werden Angebote von Kraftwerken abgegeben. Diese Angebote sind in Tab. 3.1 vereinfacht nach Technologien aggregiert dargestellt.

Aus Tab. 3.1 geht hervor, dass sich die angebotene Leistung für die beiden betrachteten Stundenintervalle nur im Falle der erneuerbaren Energien unterscheidet. Die

Tab. 3.1 Angebote der Kraftwerke, aggregiert nach Technologieblöcken für einen fiktiven Freitag und die Stundenintervalle 13–14 Uhr und 17–18 Uhr

Technologieblock	Angebot in GW 13–14 Uhr	Angebot in GW 17–18 Uhr	Grenzkosten €/MWh
Erneuerbare Energien	24	17	0
Steinkohle	12	12	100
Braunkohle	14	12	130
GuD	10	10	180
Gas	13	13	230

Erzeugung dieser Technologie beträgt 24 GW für das Stundenintervall 13–14 Uhr und 17 GW für das Stundenintervall 17–18 Uhr. Die erwartete Nachfrage wird für beide Stundenintervalle mit 57 GW angenommen. Diese Annahmen ermöglichen einen Vergleich der Preisbildung für die beiden konstruierten Stundenintervalle.

In Abb. 3.3 ist der Preisbildungsprozess nach dem Merit-Order-Prinzip grafisch dargestellt.

Die Gebote sind in aufsteigender Reihenfolge der Grenzkosten von billig nach teuer eingetragen. Für das Zeitintervall 13–14 Uhr ist die Grenzlinie bei 57 GW eingezeichnet. In Abb. 3.3 ist dies durch eine blaue Linie dargestellt. Da sich für das Zeitintervall 17–18 Uhr das Angebot der erneuerbaren Energien um 7 GW reduziert hat, ergibt sich in der Konsequenz die Verschiebung des Koordinatensystems um +7 KW. Entsprechend verschiebt sich die Grenzlinie um 7 GW. In Abb. 3.3 ist dies durch die schwarz gestrichelte Linie gekennzeichnet.

Daraus ergeben sich zwei unterschiedliche Clearingpreise:

- Für das Zeitintervall 13–14 Uhr sind das 180 €/MWh
- Für das Zeitintervall 17–18 Uhr sind das 300 €/MWh

Unter der Annahme, dass die Lieferungen wie geplant durchgeführt werden konnten, führt der Markt Clearing Price von 180 €/MW (Stundenintervall 13–14 Uhr) zu den in Gl. 3.4 angegebenen Stromkosten SK13–14

$$SK13{-}14 = 180 \, €/MWh \cdot 57 \, GW = 10,26 \, Mio. \, €$$ (3.4)

und der Markt Clearing Price von 300 €/MW (Stundenintervall 13–14 Uhr) verursacht die Stromkosten SK 17–18, gegeben in Gl. 3.5

$$SK17{-}18 = 300 \, €/MWh \cdot 57 \, GW = 17,10 \, Mio. \, €$$ (3.5)

Der signifikante Anstieg des Strompreises im Stundenintervall 17–18 Uhr resultiert aus der Reduktion des Angebots der Erneuerbare-Energien-Technologie um 7 GW.

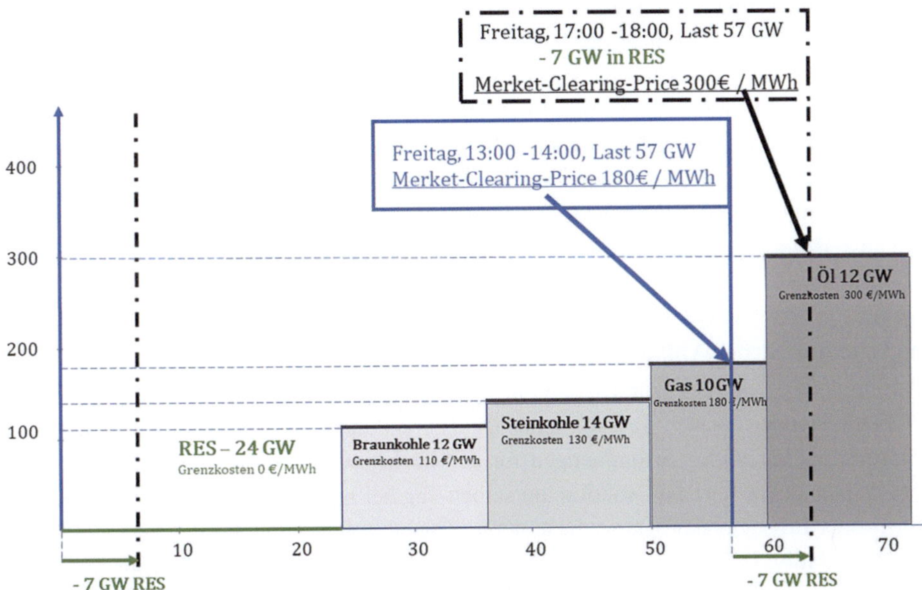

Abb. 3.3 Beispiel für die Ermittlung des Market Clearing Price an einem fiktiven Freitag im Zeitfenster 13–14 Uhr und anschließend 17–18 Uhr (Erläuterungen im Text)

Zu beachten ist hier auch, dass die Vergütungen der Technologien, die am jeweiligen Angebot beteiligt sind, entsprechend ansteigen.

Auch die Gesamtvergütung der erneuerbaren Technologien ist im Zeitintervall 17–18 Uhr trotz der Reduktion des Angebots um 7 GW höher als im Zeitintervall 13–14 Uhr. Die Berechnung der Differenz der SK_{Dif} für die erneuerbaren Technologien zwischen den Zeitintervallen 13–14 Uhr und 17–18 Uhr erfolgt nach Gl. 3.6.

$$SK_{Dif} = 300\,[€/MWh \cdot 17\,GW - 180\,€/MWh \cdot 24\,GW = 0{,}78\,Mio.€. \tag{3.6}$$

◀

Der Strompreis kann an der Börse stündlich schwanken. Manchmal kann er auch negativ sein, was bedeutet, dass der Strombezug vergütet statt bezahlt wird. Dieses Phänomen tritt im Jahresverlauf nicht so häufig auf (457 h im Jahr 2024[2]) und ist auf die Besonderheit des Produkts Strom zurückzuführen. Die Stabilität der Energieversorgung erfordert ein Gleichgewicht zwischen Angebot und Nachfrage.

Wenn das Angebot die Nachfrage übersteigt (was auch durch die Erhöhung der Netzfrequenz über 50 Hz gemessen werden kann), besteht die Gefahr eines Stabilitätsverlusts. Netztechnisch wäre es vorzugswürdig, das Überangebot abzuregeln. Dies ist noch nicht

---

[2] Ein Jahr hat 8760 h.

in allen Fällen möglich und hängt von den Eigenschaften der Regelkraftwerke ab. Wenn die Regelkraftwerke nicht in der Lage sind, das Überangebot zu regeln – z. B. technologiebedingt, dies betrifft alle thermischen Kraftwerke, die unterhalb einer bestimmten Auslastung (z. B. 40 %) nicht stabil betrieben werden können –, lohnt es sich, die überschüssige Energie kurzfristig zu verkaufen, anstatt die Regelkraftwerke abzuschalten und einen umfangreichen Redispatch durchzuführen. Das Hochfahren von Kraftwerken ist teuer und für mehrere Stunden meistens sofort nicht möglich. Die Entscheidung, ob man sie ausschaltet, muss daher ökonomisch abgewogen werden.

- **Grundsätzlicher Ablauf des Handels am Spotmarkt**

Am Spotmarkt werden kurzfristige Strommengen gehandelt. Der Ablauf folgt einem wiederkehrenden Muster. So kann jeder Bilanzkreis durch Teilnahme an der Day-Ahead-Auktion die benötigten Strommengen für den nächsten Tag beschaffen, aber auch durch Teilnahme an der Intraday-Auktion am selben Tag bei kurzfristigen Abweichungen in der Last- oder Erzeugungsprognose diese durch Zukauf von Energie ausgleichen.

Bilanzkreise (BK) sind virtuelle Energiemengenkonten, die alle Viertelstunde Entnahmen und Einspeisungen saldieren [18]. In Deutschland existieren rund 2000 Bilanzkreise. Der Bilanzkreisverantwortliche (BKV) bildet für seinen Bilanzkreis täglich neue Bedarfsprognosen bzw. Fahrpläne und teilt diese dem Übertragungsnetzbetreiber mit. Diese Fahrpläne saldieren die Prognosen von Stromlast und -erzeugung sowie die Verkäufe und Zukäufe – z. B. über die Strombörse – innerhalb eines Bilanzkreises. Gibt es Abweichungen innerhalb eines Bilanzkreises, kann dieser physisch durch einen anderen Bilanzkreis ausgeglichen werden. Wenn jedoch der Saldo aller Bilanzkreise innerhalb einer Regelzone negativ bzw. positiv ist, muss der zuständige Übertragungsnetzbetreiber, normalerweise mittels Regelenergie, ausgleichen. Jedoch muss jeder Bilanzkreis für sich mittels Ausgleichsenergie ausgeglichen werden.

Weitere Details zur Organisation von Bilanzkreisen sind in Abschn. 3.2 beschrieben.

Die einzelnen Schritte, um erfolgreich Strom am Spotmarkt zu beschaffen, sind in Abb. 3.4 schematisiert dargestellt.

Am Vortag der Lieferung, dem Handelstag, müssen die Teilnehmer zunächst eine Lastprognose (1) und eine Erzeugungsprognose (2) für den Handelstag erstellen. Die Einzelheiten zur Erstellung dieser Prognosen sind in Kap. 2 beschrieben. Anschließend werden von den Erzeugern die Grenzkosten (3) für verschiedene Handelsblöcke ermittelt. Dazu werden Fakten wie aktuelle Betriebsparameter (u. a. Wirkungsgrad) berücksichtigt und mit einem geringen Gewinnzuschlag die Grenzkosten nach Gl. 3.3 ermittelt.

Diese gehen dann als Eingangsgrößen in das Merit-Order-Verfahren ein, das in Abb. 3.4 schematisch dargestellt ist (4). Endet das Verfahren mit der Bestimmung des Grenzkraftwerks, d. h. des Kraftwerks, das in dem bewerteten Zeitintervall als Letztes einspeisen wird, nehmen auch alle günstigeren Kraftwerke in diesem Zeitintervall an der

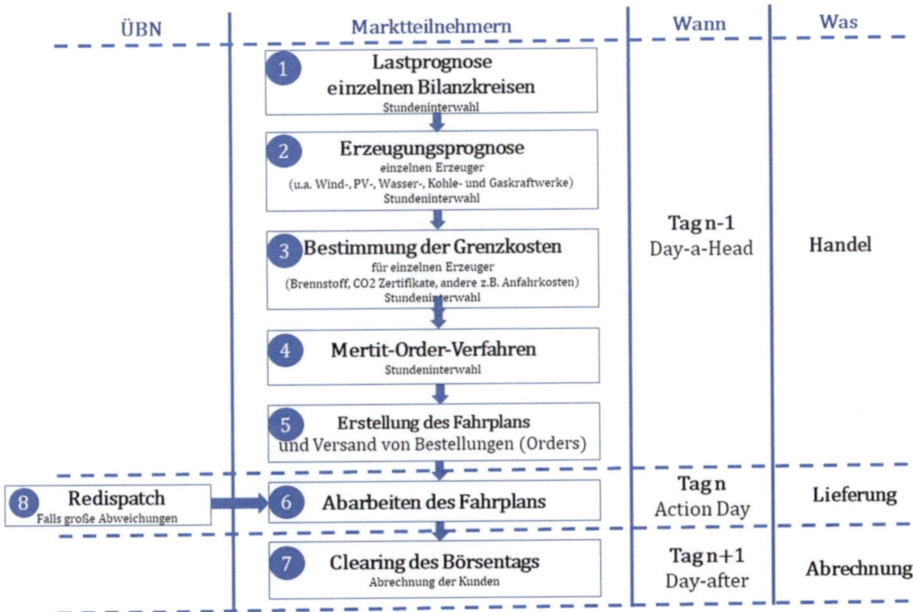

Abb. 3.4 Spotmarkt. Day-Ahead-Handel auf der Strombörse nach dem Merit-Order-Prinzip

Einspeisung teil. Auf dieser Basis wird der Fahrplan (5) für den Abruftag erstellt und den Kraftwerken unverzüglich mitgeteilt.

Am Liefertag werden die erstellten Kraftwerkseinsatzpläne (Fahrpläne) (6) stündlich abgearbeitet. Im Fall von Stundenänderungen werden die Fahrpläne der Kraftwerke für die nächste Lieferung angepasst. Die Änderung der Leistungsabgabe erfolgt nicht sprunghaft, sondern nach einer genehmigten Kennlinie, weshalb zum Zeitpunkt des Übergangs von einer Stunde zur nächsten Abweichungen vom Gleichgewicht beobachtet werden, die sich grundsätzlich in der Änderung der Frequenz im Netz manifestieren. Diese Abweichungen sollten jedoch innerhalb weniger Minuten verschwinden, nachdem die Kraftwerke den neuen gewünschten Betriebszustand erreicht haben. Ist dies nicht der Fall, muss ein Redispatch erfolgen. Auf dieses Thema wird in Abschn. 3.2 näher eingegangen.

Folgende zentrale Handelsplattformen werden am Spotmarkt genutzt:

- **Day-Ahead-Handel:** Hier kann noch am Tag zuvor Strom beschafft werden. Die Preise bei uns werden zunächst für die Gebotszone Deutschland-Luxemburg abgegeben. In diesem Marktgebiet gilt derselbe Börsenpreis. Der Preis im Day-Ahead-Markt wird auch für die gekoppelten Märkte ermittelt, beispielsweise mit der Gebotszone Frankreich oder der Gebotszone Niederlande.

- **Intraday-Handel:** In diesem Fall erfolgt ein untertägiger Handel. Handelsgeschäfte können bis zu 5 min vor Lieferbeginn abgeschlossen werden, wenn diesen Handel in einem Netzgebiet stattfindet, für das der gleiche Übertragungsnetzbetreiber zuständig ist. Ansonsten beträgt die Vorlaufzeit 30 min. Die Strommengen werden in Zeitscheiben von Viertelstunden bis zu Stundenblöcken gehandelt.

Marktdaten zum Stromhandel können über die Internetseite der European Energy Exchange bezogen werden. Darüber hinaus bietet die Informationsplattform der Bundesnetzagentur „SMARD – Strommarktdaten für Deutschland" visualisierte Marktdaten zur Transparenz im Strommarkt.

Produktarten, die zum Großteil am Spotmarkt gehandelt werden, sind:

- **Base-Block:** Dient zur Grundlastdeckung über einen Tag. Lieferung erfolgt mit konstanter Leistung von 1 MW über 24 h von 0:00–24:00 Uhr.
- **Peak-Block:** Dient zur Spitzenlastdeckung. Die Lieferung erfolgt mit konstanter Leistung von 1 MW über 12 h von 08:00–20:00 Uhr.
- **Stundenblock:** Einzelstundenkontrakte, die einzeln gekauft bzw. verkauft werden können. Dienen zur präzisen Spitzenlastdeckung.

Am Folgetag findet die Abrechnung (8) der Lieferung statt. Die beteiligten Kraftwerke erhalten die Auszahlung des Market Clearing Price entsprechend der gelieferten Energie. In diesem Prozess werden auch die Redispatch-Kosten abgerechnet. Das endgültige Clearing wird in Deutschland nach drei Wochen erfolgen.

Der After-Market bietet Marktteilnehmern zusätzliche Flexibilität, indem er den Handel auch nach Beginn der physischen Lieferung ermöglicht. Dieser Markt erlaubt es den Teilnehmern, ihre physischen Positionen nachträglich anzupassen. Dadurch können Ungleichgewichte reduziert und die damit verbundenen Kosten aus dem Bilanzausgleich gesenkt werden.

In bestimmten Märkten wie beispielsweise den Niederlanden unterstützt der After-Market insbesondere die Optimierung bei der Anwendung eines Doppelpreissystems im Bilanzausgleich. Hierdurch erhalten Marktteilnehmer die Möglichkeit, ihre Positionen effizienter an die tatsächlichen Netzzustände anzupassen und zusätzliche Kosten zu vermeiden.

Vermarktung von Flexibilität

Der Smart-Grid-Betrieb erfordert zusätzliche Flexibilität, sowohl bei Erzeugern als auch bei Verbrauchern. Die Möglichkeit zur Vermarktung von Lastflexibilität bietet die Strombörse. Dabei wird zwischen einer direkten und einer indirekten Teilnahme an der Strombörse unterschieden. Bei der direkten Teilnahme treten Unternehmen als Stromhändler auf und können so ihre Lastflexibilität über die Produktpalette der Strombörse direkt vermarkten.

Diskutiert wird die Notwendigkeit neuer Flexibilitäten, die diese Volatilität der erneuerbaren Erzeugung besser ausgleichen können. Hier, an der Erzeugungsseite, denkt man in erster Linie an schnelle Gaskraftwerke, die in Zukunft auch mit H_2 betrieben werden können, und an Batteriespeicher, aber auch an steuerbare Lasten, die kurzfristiger die Leistungsschwankungen ausgleichen können.

Der **Begriff der Flexibilität** wird dabei sehr weitreichend gefasst (BNetzA).

▶ **Definition 3.2 – Flexibilität**
Flexibilität ist die Veränderung der Einspeisung oder Entnahme als Reaktion auf ein externes Signal (Preissignal oder Aktivierung) mit dem Ziel, eine Dienstleistung im Energiesystem zu erbringen.

Ohne eine deutliche Flexibilisierung [7] von Kraftwerken und Großverbrauchern werden die Stunden mit negativen Strompreisen drastisch zunehmen. Wenn weiterhin ca. 20–25 GW konventionelle Kraftwerke rund um die Uhr Strom produzieren, steigt die Zahl der Stunden mit negativen Strompreisen von 64 h im Jahr 2013 auf 457 h im Jahr 2024 [8]. Mit einem Flexibilitätsgesetz sollten bestehende Flexibilitätshemmnisse zügig abgebaut werden. Derzeit verhindern verschiedene Regelungen im Bereich der Systemdienstleistungen sowie im Energierecht eine höhere Flexibilität des konventionellen Kraftwerksparks und der Stromnachfrageseite.

Beispiel 3.2 – Negative Preise am 24. März 2013

In Abb. 3.5 sind die Energiestundenpreise am 24. März 2013 dargestellt [7].

Die Erzeugungssituation am Sonntag, 24. März 2013, war durch eine gleichermaßen hohe Erzeugung aus Windkraft- und Photovoltaikanlagen gekennzeichnet. Die Gesamtproduktion beider Erzeugungsarten summierte sich in Stunde 13 auf bis zu 32.704 MW bei einem Stundenpreis von –0,01 €/MWh. Stunde 15 erwies sich jedoch als die Stunde mit dem höchsten negativen Preis von –50,01 €/MWh, die kumulierte Erzeugung aus Sonne und Wind betrug hier 30.513 MW. Bemerkenswert ist auch, dass die Stundenpreise für die Stunden zwei bis elf alle in einem sehr engen Korridor zwischen 10,82 und 12,06 €/MWh lagen, also in einem Bereich, in dem sich das Abschalten von Kohlekraftwerken auch über viele Stunden hinweg oft nicht lohnt, sofern überhaupt die Möglichkeit zum Abschalten besteht.

Exkurs Terminmarkt
Am Terminmarkt der Strombörse wie der European Energy Exchange (EEX) wird Strom für eine zukünftige Lieferung gehandelt [11, 12]. Die Preisbildung erfolgt dabei durch das Zusammenspiel von Angebot und Nachfrage. Marktteilnehmer – dazu gehören unter anderem Energieversorger, Händler oder große Industrieunternehmen – geben Gebote ab,

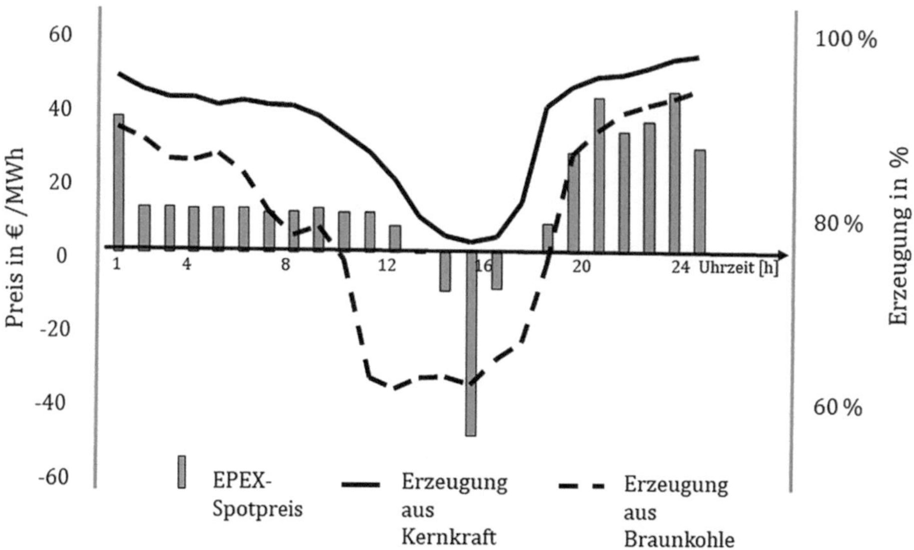

Abb. 3.5 Börsenpreis Erzeugungsleistung in % am 24. März 2013

in denen sie sowohl die gewünschte Strommenge als auch den Preis angeben, zu dem sie bereit sind zu kaufen oder zu verkaufen.

Kommt es zwischen einem Kauf- und einem Verkaufsgebot zu einer Übereinstimmung, wird ein Handel abgeschlossen. Der daraus resultierende Preis wird als aktueller Marktpreis ausgewiesen. Gehandelt werden dabei hauptsächlich sogenannte Futures.

Ein Future ist die Vereinbarung zwischen einem Käufer (Long-Position) und einem Verkäufer (Short-Position), einen bestimmten zugrunde liegenden Vermögensgegenstand (Underlying, Stromlieferung in diesem Fall) zu einem bestimmten zukünftigen Zeitpunkt (Fälligkeit) zu einem festgelegten Preis zu handeln.

Die Preise am Terminmarkt spiegeln nicht den aktuellen Strombedarf wider, sondern basieren auf Erwartungen der Marktteilnehmer. Wichtige Einflussfaktoren sind etwa die zukünftige Entwicklung der Brennstoffpreise (z. B. für Gas oder Kohle), die Kosten für CO_2-Emissionszertifikate, politische Rahmenbedingungen sowie Prognosen zu Angebot und Nachfrage auf dem Strommarkt.

Der Terminmarkt erfüllt eine wichtige Funktion: Er ermöglicht es Unternehmen, sich gegen zukünftige Preisschwankungen abzusichern (Hedging), und trägt so zu einer höheren Planungssicherheit und Stabilität im Energiemarkt bei.

Die zwei wichtigsten Basisprodukte, die auf dem Terminmarkt gehandelt werden, sind nach [13]:

- **Futures** sind physisch gelieferte Mengen Strom, welche zur Absicherung (Hedging) gegen fallende Strompreise genutzt werden. Der Preis wird heute festgelegt und der

Käufer bzw. Verkäufer ist zu einem zukünftigen vereinbarten Zeitpunkt verpflichtet, den Kauf bzw. Verkauf zu tätigen.

- **Week-Futures** (Wochenprodukte, bis zu fünf Wochen im Voraus)
- **Weekend-Futures** (Wochenendprodukte, bis zu zwei Wochenenden im Voraus)
- **Month-Futures** (Monatsprodukte, bis zu zehn Monate im Voraus)
- **Quarter-Futures** (Quartalsprodukte, bis zu elf Quartale im Voraus)
- **Year-Futures** (Jahresprodukte, die Standardkonfiguration liegt bei bis zu sechs Jahren im Voraus, die deutschen, italienischen und spanischen Strom-Futures hat die Börse 2021 sogar auf bis zu zehn Jahre erweitert)

- **Optionen** dienen zum bilanziellen Ausgleich. Der Käufer hat das Recht, ist jedoch nicht verpflichtet, das Produkt zu einem heute festgelegten Preis zu einem zukünftigen Zeitpunkt zu kaufen. Optionen dienen ebenfalls als Absicherung gegen schwankende Strompreise.

Die Preisbildung am Terminmarkt der Strombörse ist in Abb. 3.6 schematisch dargestellt.

Abb. 3.6 zeigt, dass die Kraftwerke in den Stunden mit negativen Preisen heruntergefahren wurden, dass die Reduktion der Produktion aber bereits im Laufe des Vormittags begann, als die Produktion aus Photovoltaikanlagen aufgrund der zunehmenden Sonneneinstrahlung deutlich anstieg. Die kumulierte Erzeugung aus Kernenergie, Braunkohle, Steinkohle und Gas lag in den Stunden elf bis 17 zwischen 26.800 und 28.400 MW. Der Wärmebedarf aufgrund der niedrigeren Temperaturen lag bei etwa 8000 MW. Rechnet man auch hier 20.000 MW für die Systemstabilität hinzu, so liegt die Erzeugung aus diesen vier Primärenergieträgern am oberen Rand des berechneten Korridors für Systemstabilität und Wärmeerzeugung.

3.1.2 Regelenergiemarkt

Der Regelleistungsmarkt dient der Sicherung der Systemstabilität in einer Regelzone bzw. regelzonenübergreifend. Durch die kurzfristige Bereitstellung von elektrischer Leistung nach definierten Parametern (Tab. 3.2) wird die Netzfrequenz bei erheblichen Abweichungen stabilisiert [14]. Die Vermarktung findet über die Internetplattform www.regelleistung.net statt. Es werden drei verschiedene Produktarten über die Plattform durch die Übertragungsnetzbetreiber vermarktet.

- **Primärregelleistung** (PRL) ist die erste zu aktivierende Maßnahme. Sie wird nicht vom ÜNB aktiviert, sondern ist frequenzabhängig, d. h., der Anbieter der Primärregelleistung misst die Netzfrequenz eigenständig. Sobald die Netzfrequenz das Totband zwischen 49,99 und 50,01 Hz verlässt, muss der Anbieter die Primärregelleistung innerhalb von 30 s vollständig erbringen und für mindestens 15 min aufrechterhalten

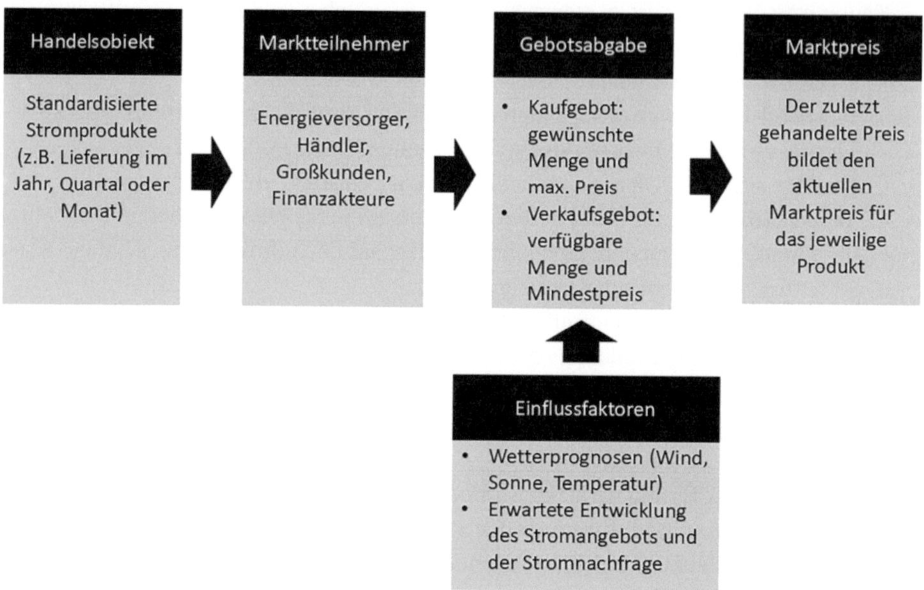

Abb. 3.6 Preisbildung am Terminmarkt der Strombörse

können [15]. Im Vergleich zu den beiden anderen Regelleistungsarten muss die Primärregelleistung als symmetrisches Produkt angeboten werden, d. h., es muss sowohl positive als auch negative Lastflexibilität bereitgestellt werden. Bei erfolgreicher Vermarktung muss die Primärregelleistung 24 h zur Verfügung stehen.

- **Sekundärregelleistung und Minutenreserveleistung** (SRL, MR) hingegen können als asymmetrisches Produkt angeboten werden. Sie kommen nachgelagert zur PRL zum Einsatz. Hier werden nur Vier-Stunden-Blöcke gleichzeitig vermarktet, in denen bei gewonnener Auktion die Regelleistung vorgehalten werden muss.

Die Charakteristika der drei Produktarten sind in Tab. 3.2 zusammengefasst.

Zur Teilnahme am Regelleistungsmarkt müssen die technischen Einheiten der Unternehmen die Präqualifikationsbedingungen der Übertragungsnetzbetreiber erfüllen. Die wichtigsten Anforderungen und Tests während des Präqualifikationsverfahrens am Beispiel der abschaltbaren Lasten sind in Tab. 3.3 zusammengefasst [15].

Abschaltbare Lasten

Neben den Optionen der Regelleistung sind Netzbetreiber gesetzlich dazu verpflichtet, abschaltbare Leistung vorzuhalten, die im Bedarfsfall zeitnah durch (teil-)automatisierte Maßnahmen zu einer Trennung von Entnahmeleistung führen muss. Gesetzlich geregelt sind sie in der Verordnung über Vereinbarungen zu abschaltbaren Lasten (AbLaV). Im Sommer 2016 wurden sie in novellierter Form bis zum Juli 2022 verlängert.

Tab. 3.2 Zusammenfassung der Regelleistungscharakteristika [16, 17]

	Primärregelleistung	Sekundärregelleistung	Minutenreserveleistung
Aktivierungszeit	30 s	5 min	15 min
Bereitstellung	30 s bis 5 min	5 min bis 15 min	15 min bis 1 h
Ausschreibungszeitraum	Wöchentlich	Wöchentlich	Täglich
Ausschreibungszeitpunkt	I. d. R. werktäglich (D-2), 15 Uhr	I. d. R. mittwochs (W-1)	I. d. R. Mo–Fr, 10 Uhr
Produktdifferenzierung	Keine (symmetrisches Produkt)	Positiv und negativ	Positiv und negativ
Mindestgröße	1 MW	5 MW	5 MW
Angebotsinkrement Pooling	1 MW Innerhalb der Regelzone	1 MW Innerhalb der Regelzone	1 MW Innerhalb der Regelzone
Vergabe	Leistungspreis-Merit-Order	Leistungspreis-Merit-Order	Leistungspreis-Merit-Order
Vergütung	Marginal Pricing	Pay-as-Bid (Leistungspreis und Arbeitspreis)	Pay-as-Bid (Leistungspreis und Arbeitspreis)

Die Ausschreibung erfolgt wöchentlich – über die Internetplattform zur Ausschreibung von Regelleistung, www.regelleistung.net. Dabei wird abschaltbare Leistung in zwei Kategorien unterteilt:

- **Sofort abschaltbare Lasten** (SOL): „Sofort abschaltbare Lasten sind abschaltbare Lasten, deren Abschaltleistung nachweisbar unverzögert ferngesteuert durch den Betreiber des Übertragungsnetzes sowie automatisch frequenzgesteuert bei Unterschreiten einer vorgegebenen Netzfrequenz herbeigeführt werden kann."
- **Schnell abschaltbare Lasten** (SNL): „Schnell abschaltbare Lasten sind abschaltbare Lasten, deren Abschaltleistung nachweisbar innerhalb von maximal 15 min ferngesteuert durch den Betreiber des Übertragungsnetzes herbeigeführt werden kann."

Die wöchentliche Ausschreibung der Netzbetreiber für SOL und SNL umfasst je 750 MW in einer Viertelstunde. Tab. 3.3 fasst die wichtigsten Rahmenbedingungen zusammen, die Unternehmen erfüllen müssen, um ihre Lastflexibilität als abschaltbare Last vermarkten zu können.

Tab. 3.3 Zusammenfassung wichtigster Eigenschaften von abschaltbaren Lasten [15, 18]

	Abschaltbare Entnahmeleistung
Ausschreibung	Wöchentlich über www.regelleistung.net
Produktarten	SOL und SNL mit Angabe der Abrufdauer zwischen einer und 32 Viertelstunden (VS)
Angebotsgröße	Mindestens 5 MW und maximal 200 MW
Netzanschluss	Mittelspannung und höher, jedoch max. zwei Umspannungen unterhalb des HS-Netzes und im physikalischen Wirkungsbereich des HS-Knotens
Leistungspreis	Max. 500 €/MW
Arbeitspreis	Max. 400 €/MW
Zuschlagsverfahren	Pay-as-Bid
Mindestverfügbarkeit	552 VS pro Woche – 120 VS mögliche Nichtverfügbarkeit
Vermarktungsmöglichkeiten	Einsatz auf Regelenergie- und Spotmarkt grundsätzlich vorrangig
Bedingung für vortägige Vermarktung am Spotmarkt	DA > Arbeitspreis und mindestens 200 €/MWh
Pooling	Unbegrenzt

Unterbrechbare Verbrauchseinheiten

Eine Sonderform der Netznutzung sind die unterbrechbaren Verbrauchseinheiten gemäß § 14 des EnWG. Vergleichbar ist die Regelung mit der AbLaV, nur auf Niederspannungsebene. Momentan ist das die einzige Möglichkeit für Verteilnetzbetreiber – abgesehen von Notfallmaßnahmen –, auf Lastflexibilität zuzugreifen. Durch das Gesetz werden Verteilnetzbetreiber verpflichtet, Letztverbrauchern ein reduziertes Netzentgelt zu zahlen, wenn sie im Gegenzug netzdienlich steuerbar sind. Unter Letztverbraucher fallen laut Gesetz alle steuerbaren Verbrauchseinheiten, die über einen separaten Zählerpunkt im Bereich der Niederspannungsebene verfügen. Darunter fallen explizit auch Elektromobile.

3.1.3 Ertrags- und Lastprognose und Redispatch

Die Genauigkeit des Netzmanagements hängt von der Erstellung des Tagesfahrplans ab. Dies wiederum hängt von der Qualität der Last- und Erzeugungsprognosen ab.

In Kap. 2 wurden die Methoden der Lastprognose diskutiert. Diese basieren auf der Analyse historischer Messdaten und der Erstellung von Tageslastgängen für verschiedene Verbraucher, Netzkonten oder Bilanzkreise mithilfe unterschiedlicher Verfahren wie z. B.

- statistischen Analyseverfahren,
- stochastischer Modellierung,
- künstlicher Intelligenz,
- kostenminimaler Kraftwerkseinsatzplanung.

Die Verfahren berücksichtigen verschiedene Haupteinflussfaktoren wie Jahreszeiten oder charakteristische Wochentage (Werktag, Feiertag), aber auch kurzfristige Wettervorhersagen, und erreichen je nach Prognosehorizont eine Schätzgenauigkeit von bis zu wenigen 2–3 %.

Die Ertragsprognose wetterabhängiger erneuerbarer Energiequellen (Wind und PV) basiert ebenfalls auf Wetterertragsmodellen, die es ermöglichen, aus der Prognose von Wetterdaten (wie Sonneneinstrahlung, Temperatur, Windrichtung und Windgeschwindigkeit) die Erträge von Wind- bzw. PV-Anlagen zu berechnen. Durch die heute engmaschige Verteilung der Messstationen können diese Vorhersagen mit einer sehr hohen Genauigkeit von bis zu 1–2 % für den Tagesverlauf getroffen werden. Auf den Internetseiten https://energy-charts.info/ und https://www.netztransparenz.de/de-de/ sind die aktuellen Belastungsdaten und -prognosen abrufbar.

Die IKT-Unterstützung durch moderne, vernetzte Messsysteme, Datenbanken und KI-basierte Methoden erlauben eine hohe Güte der Last- und Erzeugungsprognose, die trotz hohen Anteils an volatilen Energieerzeugern zu einem stabilen und zuverlässigen Betrieb des Smart Grids führt.

Insgesamt ist jedoch eine Ungenauigkeit in der Bilanzierung von Last und Erzeugung praktisch unvermeidbar. Aus diesem Grund sind Mechanismen vorgesehen, wie die Bilanz einer Regelzone auszugleichen ist und wie die Kosten dieses Ausgleichs auf die Marktteilnehmer umgelegt werden.

Redispatch

Bei den Leistungsabweichungen in den Regelzonen ergreifen die ÜNB folgende Maßnahmen, je nach Höhe der Abweichung [19]:

- Regelleistung
- Austausch von Notreserven über das europäische Verbundnetz
- Einsatz von abschaltbaren Lasten
- Aktivierung von stillstehenden Kraftwerken (Kaltreserve)
- Börsengeschäfte

Im Falle einer potenziellen Gefährdung (präventiv) oder einer Störung im System (kurativ) ist es die Pflicht der Netzbetreiber, Maßnahmen zu ergreifen, die den sicheren Systembetrieb weiter gewährleisten. Je nach Dringlichkeit und Verfügbarkeit alternativer Maßnahmen erfordert diese Prozedur, der sogenannte Redispatch, in der Regel einen temporären Eingriff in den liberalen Energiemarkt.

▶ Definition 3.3 – Redispatch

Unter Redispatch versteht man eine Änderung des Kraftwerkseinsatzplans für bestimmte Zeitintervalle, um das System wieder ins Gleichgewicht zu bringen. Redispatch kann aus verschiedenen Gründen notwendig werden. Am häufigsten sind jedoch Prognosefehler bei der Erzeugung erneuerbarer Energien.

Daher müssen beispielsweise finanzielle Entschädigungen für heruntergefahrene Kraftwerke geleistet und zudem die Kosten für die heraufgefahrenen und in der Regel teureren Kraftwerke getragen werden. Die finanziellen Aufwendungen für derartige Eingriffe werden durch die Netzbetreiber auf die Kunden umgelegt.

Der Bedarf von Seiten der Netzbetreiber ergibt sich aus der Leistungs- bzw. Kostendifferenz zwischen konventionellen Redispatch-Maßnahmen und dem Einspeisemanagement. Dementsprechend sind die angesetzten Marktpreise für Flexibilitätsprodukte in einem Fenster vordefiniert. Schematisch ist das in Abb. 3.7 dargestellt.

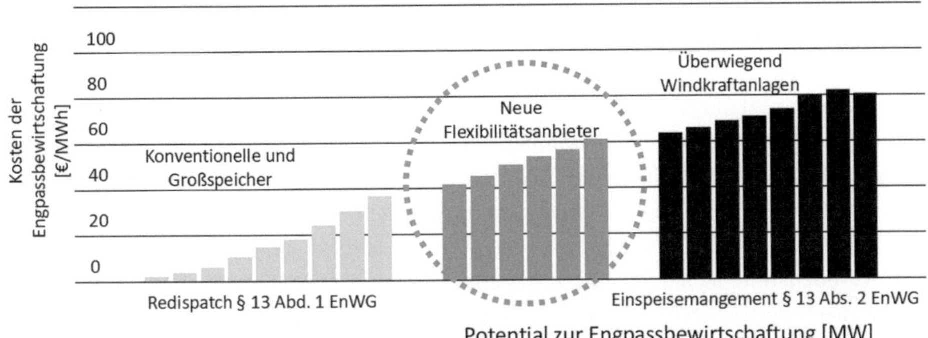

Abb. 3.7 Neue Flexibilitätsoptionen aus Sicht der Netzbetreiber. (Quelle: 50Hertz)

Die veränderte Fahrweise, bekannt unter dem Namen Redispatch 2.0, beschreibt die regulatorischen und technischen Maßnahmen, die durch ÜNB für die Gewährleistung der Stabilität des Netzes unternommen werden müssen. Danach werden konventioneller Redispatch, nach EnWG, und Einspeisemanagement, nach EEG und KWKG, vereinheitlicht in das EnWG aufgenommen. Die Netzbetreiber haben damit die Verpflichtung, alle Anlagen ab 100 kW Leistung einzubeziehen, wodurch die beteiligten Anlagen deutlich zahlreicher und dezentraler werden. Die neuen Rahmenbedingungen greifen nach Angaben des BDEW bereits ab dem 01.10.2021. Mit dem BDEW-Projekt „Redispatch 2.0" und dem Vorhaben „Connect+" gibt es aktuell zwei laufende Untersuchungen zu den prozessualen Abläufen und der systemtechnischen Einbettung in die Energiewirtschaft.

Industrielles Lastmanagement
Die Bedienung sowohl aktueller als auch zukünftiger Geschäftsmodelle für Lastflexibilisierung bedeutet vor allem technisch eine Reihe von Anforderungen, die durch den Anschlussnehmer erbracht werden müssen. Dazu zählen:

- Detaillierte Erfassung der Energie- und Medienflüsse an den Unterverteilungen und teilweise maschinen- bzw. anlagenscharf, inkl. relevanter Materialflüsse
- Transparente, nachvollziehbare und flexible Ressourcen- und Produktionsplanung durch ein detailliertes Informations- bzw. Energiemanagementsystem unter Verwendung standardisierter Schnittstellen und Protokolle
- Zuverlässige Verbrauchs- und Erzeugungsprognosen unter Einbeziehung von Personalplanung und Produktionsbedarf
- Sicherer und zuverlässiger Steuerungszugriff auf alle einflussnehmenden Prozesse, Technologien und Energieeinheiten

Energieintensive Industrien verfügen in der Regel bereits über vernetzte Energiemanagementsysteme (EMS) zur Überwachung und Steuerung ihrer Verbrauchs- und Erzeugungseinheiten. Aufgrund der allgemein geltenden Unantastbarkeit der Produktion ist nach aktuellem Stand die Einbindung von Prozesssteuerungen und Technologieeinheiten nur marginal erfolgt. Mit der zunehmenden Sensibilisierung der industriellen Betreiber für das Thema Lastflexibilisierung und den erwarteten, steigenden Anreizmechanismen sollen demnächst auch die bestehenden technischen Anforderungen geklärt und der praxistaugliche Einsatz vorbereitet werden. Grundsätzlich sollte dabei die Analyse für Lastflexibilisierung technologieoffen gestaltet werden. Dennoch zeichnen sich bestimmte Anlagen(-gruppen) durch technische und wirtschaftliche Parameter besonders aus.

In Tab. 3.4 sind die bestehenden Vermarktungsoptionen hinsichtlich der Güte ihres Geschäftsmodells nach verschiedenen Kriterien qualitativ bewertet. Grundlage bildet ein empirisches Expertenranking auf einer Skala von 1 („nicht/unzureichend erfüllt") bis 5 („vollständig erfüllt").

Unter den aktuellen regulatorischen Gegebenheiten wird eine vollumfängliche wirtschaftliche Nutzbarmachung von industriellen Flexibilitäten mit dem Ziel, die Stabilität des elektrischen Energiesystems zu erhöhen, nach Experteneinschätzungen gehemmt. Vor allem die aktuellen Bestimmungen zur Berechnung der Netzentgelte nach StromNEV § 17 ff. stellen eine wesentliche Barriere bei der praktischen Umsetzung dar. Sie motivieren die Anschlussnehmer vornehmlich zu einer Glättung ihres Strombezugs und tragen damit der steigenden schwankenden Beanspruchung des Stromnetzes durch erneuerbare Energien keinerlei Rechnung.

Zusammenfassend kann man sagen, dass sowohl nach aktuellen Randbedingungen als auch prospektiv eine eindeutige Kommunikation zwischen Netzbetreiber, Markt und Anschlussnehmer entscheidend dafür ist, dass Flexibilität vermittelt werden kann. Die Fähigkeiten der Angebotsseite müssen zunächst optimal abgebildet werden, um auf die Bedürfnisse der Nachfrageseite zugeschnitten werden zu können. Gleichzeitig bilden zweckdienliche Modellierungsansätze auch die Voraussetzung dafür, neuartige Produkte und Vermarktungsoptionen aufzuzeigen.

3.1.4   Strompreise bei Kunden – Stromtarife

An Strompreisen unterscheidet man zwischen dem Großhandelspreis und dem Kundenpreis, wobei uns hier der Haushaltskundenpreis am meisten interessiert, da die Industriekundenpreise sehr individuell gestaltet sind.

Der Großhandelspreis ergibt sich aus dem Merit-Order-Verfahren, wo sich die Preise stündlich ändern. Deshalb spricht man im Stromhandel meistens von einem Durchschnittspreis pro Tag und weiter pro Monat oder pro Jahr, der sich als Quotient aus der verkauften Energiemenge in einem gegebenen (mengengewichteten) Zeitabschnitt (z. B. dem Tag) und dem dafür bezahlten Preis nach dem Clearing an der Börse ergibt. Der

Tab. 3.4 Qualitative Bewertung der untersuchten Vermarktungsoptionen

	Konkurrenzfähig	Effizient	Robust	Nachhaltig	Wachstumsfähig	Gewinnfähig
PRL	4	2	4	4	2	4
SRL und MRL	3	3	3	4	4	3
SOL	4	2	2	2	4	4
SNL	3	3	2	2	4	3
Unterbrechbare Verbrauchseinheiten	3	5	4	3	2	2
Atypische Netznutzung	2	2	2	2	2	4
Stromintensive Netznutzung	4	3	2	2	3	4
Bilanzkreisausgleich	3	1	1	1	3	4
Spotmarkt	3	2	3	4	4	3
Spitzenlastmanagement	4	2	4	4	3	3

Durchschnittspreis in Deutschland schwankt saisonal, da der Anteil erneuerbarer Energien (insbesondere PV) im Sommer höher ist als im Winter. Im Jahr 2024 lag der Durchschnittspreis [9] für das gesamte Jahr bei 78,01 €/MWh (entspricht 0,078 €/kWh) – im Juli 63,45 €/MWh im Dezember 110,3 €/MWh, niedrigster Preis im April 60,27 €/MWh, höchster Preis im November 115,39 €/MWh. Zum Vergleich: Vor dem Ukrainekrieg lagen die Jahrespreise bei rund 40 €/MWh, 2022 stiegen sie auf 230,57 €/MWh.

Der Haushaltstrompreis hat zwei Komponenten:

- Arbeitspreis – der in Euro pro Kilowattstunde (€/kWh) angegeben wird. Er ist die wichtigste Größe für die Höhe der Stromrechnung.
- Grundpreis – ist verbrauchsunabhängig und wird in Euro pro Monat angegeben. Dieser Preis beinhaltet die Bereitstellung der entsprechenden Leistung am Anschlusspunkt an den Energieversorger und stellt eine Art Umlage der Netzinvestitionskosten dar.

Der Grundpreis macht in der Regel einen deutlich geringeren Anteil an der Gesamtrechnung aus, der Grundpreis addiert mit dem Arbeitspreis multipliziert mit dem Jahresverbrauch ergibt den Rechnungsbetrag auf der Jahresrechnung am Anschlusspunkt.

Der durchschnittliche Stromhaushaltkundenpreis in Deutschland im 2024 betrug [10] 41,59 ct/kWh.

Er stellt sich in 2024 zusammen aus drei Paketen:

- 43 % – Beschaffung, Vertrieb und Marge: 18,10 ct/kWh (2023: 23,59 ct/kWh)
- 28 % – Netzentgelt: 13,22 ct/kWh (2023: 9,35 ct/kWh)
- 29 % – Steuern, weitere Abgaben und Umlagen: 10,27 ct/kWh (2023: 12,25 ct/kWh)

Im ersten Paket sind neben dem Einkaufspreis des Stroms an der Börse bzw. am OTC-Markt auch die Kosten für Service und Vertrieb enthalten. Im zweiten Paket, das gesetzlich geregelt ist, sind die Kosten für den Betrieb und den Ausbau der Stromnetze sowie die Zählergebühren (Betrieb, Wartung, Messung) enthalten. Das dritte Paket enthält die Umsatz- und Stromsteuer, die Konzessionsabgaben, die Umlage nach dem KWK-Gesetz, die Umlage nach § 19 der Stromnetzentgeltverordnung, die Offshore-Netzumlage. Genau diese Kostenbestandteile sind im dritten Paket enthalten:

- Die Stromsteuer beträgt 2,05 ct/kWh.
- Für die Konzessionsabgabe bestehen gesetzliche Preisobergrenzen. Je nach Gemeindegröße beträgt sie 1,32–2,39 ct/kWh. Je größer die Gemeinde ist, desto höher ist in der Regel die Konzessionsabgabe. Konzessionsabgaben sind Entgelte für die Einräumung des Rechts zur Benutzung öffentlicher Verkehrswege für die Verlegung und den Betrieb von Leitungen, die der unmittelbaren Versorgung von Letztverbrauchern im Gemeindegebiet mit Strom und Gas dienen.
- Die Umlage nach dem KWK-Gesetz beträgt 0,275 ct/kWh.

- Die Umlage nach der § 19 der Stromnetzentgeltverordnung ist 0,403 ct/kWh.
- Die Offshore-Netzumlage beläuft sich auf 0,656 ct/kWh.

Insgesamt kann festgestellt werden, dass der durchschnittliche Börsenstrompreis von 7,801 ct/kWh nur etwa 20 % der Kosten ausmacht, die Haushaltskunden für Strom bezahlen müssen.

3.2 Systematik der Bilanzierung in Strom[3]

3.2.1 Einführung und Grundlagen

Mit der Liberalisierung des Strommarkts um das Jahr 2000 gingen die alten Gebietsmonopole der klassischen Energieversorgungsunternehmen (EVU) zu Ende. Getrieben von dem gemeinsamen Willen, einen europäischen Strom- und Gasmarkt zu schaffen, wurden die Netzbetreiber schrittweise entflochten und je nach Größe immer unabhängiger organisiert, bis hin zur eigentumsrechtlichen Entflechtung. Waren zuvor integrierte Unternehmen (EVU) für den stabilen Netzbetrieb verantwortlich, wurde mit der Abschaffung der geschlossenen Versorgungsgebiete (Konzessionsgebiete) das Bilanzkreissystem eingeführt.

Ab 2002 wurden in Deutschland vier Übertragungsnetzbetreiber (ÜNB) gegründet: 50Hertz Transmission GmbH (damals Vattenfall Europe Transmission), Amprion, Tennet und Transnet-BW.

Parallel dazu setzte mit dem Inkrafttreten des Erneuerbare-Energien-Gesetzes (EEG) im Jahr 2000, das den Vorrang für den Ausbau erneuerbarer Energien festlegte, ein Boom der erneuerbaren Energien in Deutschland ein, der zu einem notwendigen Umbau der Übertragungs- und Verteilnetze in Deutschland und Europa führte.

Mit der Reaktorkatastrophe von Fukushima im Jahr 2011 wurde der beschleunigte Ausstieg aus der Kernenergie in Deutschland besiegelt. Der Ausbau der erneuerbaren Energien und der Netzausbau haben weiter an Dynamik gewonnen. Während im Jahr 2000 rund 30.000 EE-Anlagen, vor allem kleine Wind- und PV-Anlagen, in Betrieb waren, sind es im Jahr 2018 rund 1.600.000 Anlagen unterschiedlicher Größe und Technologie. Dies entspricht einer Steigerung der Anlagenzahl um mehr als das 50-Fache. Bezogen auf die installierte Leistung ist die Steigerung noch deutlicher und beträgt etwa das 80-Fache. Eine zusätzliche Herausforderung bestand und besteht darin, die Verbrauchszentren im Süden mit den EE-Quellen (vor allem Windenergie) im Norden zu verbinden.

Der Kohleausstiegsbeschluss von 2019 (geplant bis 2035) wird zu einer noch stärkeren Veränderung hin zu einer dezentralen Erzeugungslandschaft in Deutschland führen.

---

[3] Die gesamte Bilanzierung und Abrechnung von Strom sind nur mit dem Einsatz fortgeschrittener IKT-Methoden und -Techniken möglich.

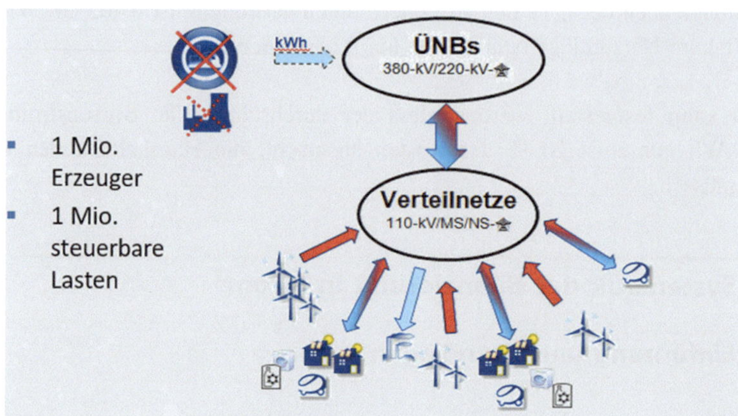

Abb. 3.8 Neue Rollen von VNB-ÜNB im dezentralisierten Energiemarkt

Mit den oben genannten Veränderungen in der Einspeisestruktur haben sich auch die Rollen der ÜNB und der Verteilnetzbetreiber (VNB) verändert. So speisen viele Erzeugungsanlagen im Smart Grid sowohl in das ÜNB-Netz als auch direkt in die VNB-Netze ein. Dies bedeutet, dass auch dort einige Systemdienstleistungen bzw. Vorleistungen dafür erbracht werden müssen. Abb. 3.8 zeigt die Rollen von ÜNB und VNB im Energiemarkt mit einem dezentralen Energiesystem.

Die sehr kleinteilige Produktions- und Konsumlandschaft wird nun angemessen berücksichtigt.

Die intelligenten, sogenannten Smart-Funktionalitäten (Smart-City, -Consumer, -House) erfordern auch die informationstechnische Vernetzung der verschiedenen Teilnehmer am Energiemarkt. Die breite Digitalisierung des Energiesektors dient diesem Zweck. Sie hebt den Netzbetrieb auf eine neue dynamische Ebene: Die Datenerfassung wird zum Geschäftsmodell. Massendaten, ihre Erfassung, Verarbeitung, Qualitätssicherung und sinnvolle Anwendungen stehen nun im Mittelpunkt der Bemühungen der Bilanzkreisverantwortlichen. Mit intelligenten Zählern (Smart Meter), die eine hochauflösende Messung bis auf Haushaltsebene ermöglichen, ist es möglich, Verbrauch und Erzeugung in Echtzeit zu messen oder zu prognostizieren.

Die Marktkommunikation (MaKo) zwischen den einzelnen Akteuren im Energiesystem wird kontinuierlich weiterentwickelt und definiert. Die Bundesnetzagentur hat im Verwaltungsverfahren MaKo 2020 die Marktrollen der Messstellenbetreiber und Bilanzkreise beschrieben. Da die Bilanzierungsverantwortung heute auf viele Partner verteilt ist, ist die sogenannte Bilanzkreistreue unerlässlich. Bilanzkreistreue bedeutet, dass die geplanten Fahrpläne, die in der Regel 24 h im Voraus erstellt werden, eingehalten werden (Soll = Ist). Der ÜNB überwacht die Einhaltung der Bilanzkreistreue und gleicht unerwartete Abweichungen aus, die z. B. durch wetter- oder verbrauchsbedingte Prognosefehler verursacht werden. Wie dies konkret erfolgen kann, wird in den folgenden Abschnitten beispielhaft dargestellt.

Die Grundlage für die Energiebilanzierung bildet die MaBiS (BNetzA-Festlegung: Marktregeln für die Bilanzkreisabrechnung Strom) aus dem Jahre 2009. Diese regelt den Austausch bilanzierungsrelevanter Stamm- und Bewegungsdaten im Rahmen der Abwicklung der Bilanzkreisabrechnung. Ziele der Festlegung sind:

- Vollständige und randscharfe Zuordnung aller Energiemengen in den Regelzonen/ Bilanzierungsgebieten
- Sicherstellung einer einheitlichen Energiemengenzuordnung über Zählpunkte
- Erreichung einer qualitativ hochwertigen Bilanzkreisabrechnung (zwei Monate nach Liefermonat)
- Möglichst gerechte Verteilung des wirtschaftlichen Risikos fehlerhafter Bilanzierungsdaten
- Bundesweit effizientester Austausch von bilanzrelevanten Massendaten

Die bei der Bilanzierung verwendeten Begriffe sind in der Tab. 3.5 zusammengestellt.

Die einzelnen Marktrollen sind in Tab. 3.6 näher charakterisiert. Der ÜNB der jeweiligen Regelzone ist auch der Bilanzkoordinator (BIKO). Der VNB verknüpft die Energiemengen der Kunden physikalisch mit dem jeweiligen Netzanschlusspunkt. Die

Tab. 3.5 Systematik der Begriffe der Bilanzierung nach MaBiS und deren Bedeutung

Begriff	Bedeutung
Anschluss	Verbindung eines Gebäudes mit dem Stromnetz des örtlichen Netzbetreibers; in der Regel ist er auch der Messstellenbetreiber. Das heißt, der Netzbetreiber stellt auch den notwendigen Messzähler zur Verfügung.
Verteilnetzbetreiber	Erbringen der Dienstleistung „Durchleitung von Strom von Produzenten zum Endkunden".
Messstellenbetreiber	Eigentümer des Stromzählers ist i. d. R. das Unternehmen, das den Zähler eingebaut hat und ihn betreibt. Zur Dienstleistung zählen auch das Ablesen des Zählers und die Übermittlung der Daten an Stromlieferant und Netzbetreiber.
Lieferant	Für die Belieferungen der Kunden mit Strom verantwortlich, dabei kann es sich um das Stadtwerk vor Ort oder ein regional bis bundesweit agierendes Unternehmen handeln.
Vertrieb	Vertreibt Strom und gibt ihm einen Preis und ggf. eine Marke.

Tab. 3.6 Die Marktrollen der Marktteilnehmer und deren Hauptaufgaben zur Einhaltung der MaBiS-Regeln

Marktteilnehmer	Marktrolle	Hauptaufgaben
Bilanzkreisverantwortlicher (BKV)	Ausgleichen Viertelstundenbilanz zw. Einspeisung und Entnahme in seinem Bilanzkreis	Minimierung der BK-Abweichung Hohe Prognosegüte Wirtschaftlicher Ausgleich von Abweichungen
Bilanzkreiskoordinator (BIKO)	Ausbilanzierung der Regelzone und Abrechnung jedes Bilanzkreises (inkl. Unterbilanzkreisen); Schnittstelle zwischen Marktpartnern	Termingerechter und vollständiger Empfang Weiterleitung aller abrechnungsrelevanten Daten
Lieferant (LF)	Planmäßige Lieferung der Energie	Korrekte Zuordnung der Energiemengen zu Zählpunkten
Verteilnetzbetreiber (VNB)	Vollständige Zuordnung der in ihrem Bilanzierungsgebiet befindlichen Energiemengen zu BK und LF	Termingerechter Versand der abrechnungsrelevanten Daten

Bilanzkreisverantwortlichen (BKV) sorgen mit hoher Prognosegüte für eine ausgeglichene Bilanz in ihren Bilanzkreisen.

Mit der MaKo 2020 wurden auch die zwei neuen Marktrollen der Messstellenbetreiber (MSB) und der ÜNB eingeführt. Das Zusammenspiel der gegenwärtig geltenden Marktrollen ist schematisch in Abb. 3.9 dargelegt.

Der Grundbegriff in der MaKo-konformen Marktgestaltung ist der Bilanzkreis. Das Konzept der Bilanzkreise umfasst die Verpflichtung der Netzbetreiber zur viertelstündlichen Messwertbereitstellung jeder eingespeisten und ausgespeisten Strommenge in kWh für ihre metrologisch (messtechnisch) abgegrenzten Bilanzkreise. Theoretisch wäre es möglich, die Bilanzierung in einem kürzeren Zeitraster, z. B. im Minutenraster, wie es bei der Mobilfunkabrechnung der Fall ist, durchzuführen, dies ist aber derzeit nicht notwendig, da die Bilanzierungsvorgänge in den elektrischen Netzen eine Konstante von Minuten haben können und die vollständige Bilanzierung der Regionen in einem Zeitraum von 24 h geplant und durchgeführt wird.

Abb. 3.10 zeigt charakteristische Merkmale einer Bilanzgruppe in Form eines Stromseemodells. Der Bilanzkreis ist für den Ausgleich und die Abrechnung des Stromhandels zwischen Lieferanten (EEG-Anlagen, Kraftwerke, Händler [1]) und verschiedenen Kunden zuständig.

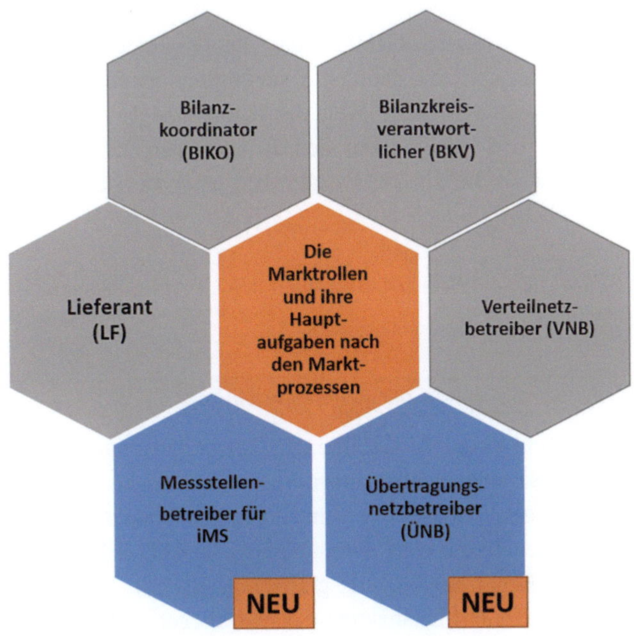

Abb. 3.9 Marktrollen in der digitalen Energiewirtschaft nach MaKo 2020

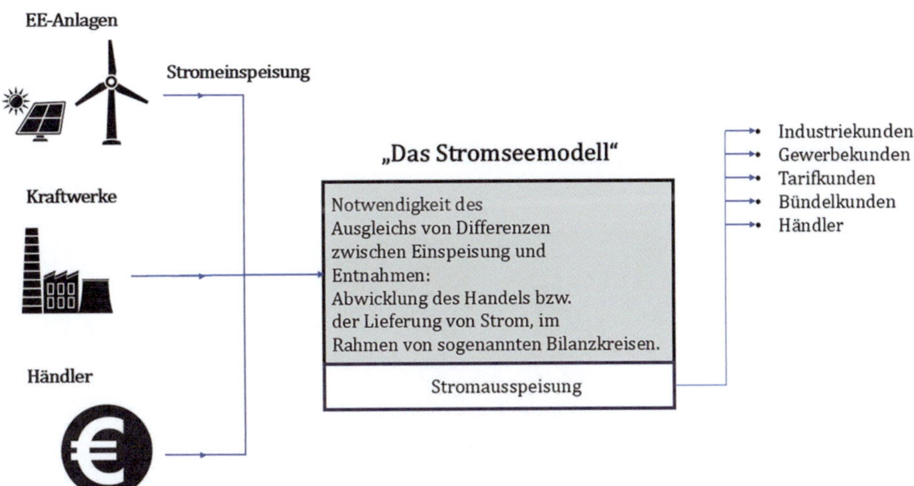

Abb. 3.10 Charakteristika eines Bilanzkreises: das Stromseemodell. (Quelle für Icons: stock. adobe.com)

▶ **Definition 3.4 – Bilanzkreis**

Der Bilanzkreis ist ein virtuelles Gebilde, das die Grundlage für die Teilnahme am Stromhandelsmarkt bildet und eine geordnete Versorgung der Endverbraucher mit Strom ermöglicht. Er verbindet die virtuelle Welt des Stromhandels mit der physischen Welt der Energieversorgung und bietet damit den Kunden der Bilanzkreisverantwortlichen die Möglichkeit, alle tatsächlichen (physischen) Ein- und Ausspeisungen innerhalb einer Regelzone auszugleichen.

Im Beispiel 3.3 werden die Bilanzkreiskunden des Übertragungsnetzbetreibers 50Hertz aufgeführt.

Ein Bilanzkreis ist ein virtuelles Gebilde, das sowohl Erzeuger als auch Verbraucher umfassen kann. Diese sind nicht territorial begrenzt und können grundsätzlich auch in einer anderen Regelzone ansässig sein. Auch die Landesgrenzen sind kein Hindernis, Kunden in den Bilanzkreis aufzunehmen. In Abb. 3.11 sind die Kunden des Bilanzkreises in der Regelzone 50Hertz grafisch dargestellt.

Abb. 3.11 zeigt, dass ein Bilanzkreisverantwortlicher mehrere Bilanzkreisverträge abschließen kann, z. B. für Großkunden, EEG-Anlagen etc. Weiterhin ist ersichtlich, dass nicht alle Kunden in der Regelzone angesiedelt sein müssen. Die 50Hertz Transmission GmbH ist an der Bilanzierung von 2295 deutschen und 143 internationalen Bilanzkreisen beteiligt, was die Vielfalt und Bedeutung dieser Aufgabe verdeutlicht.◀

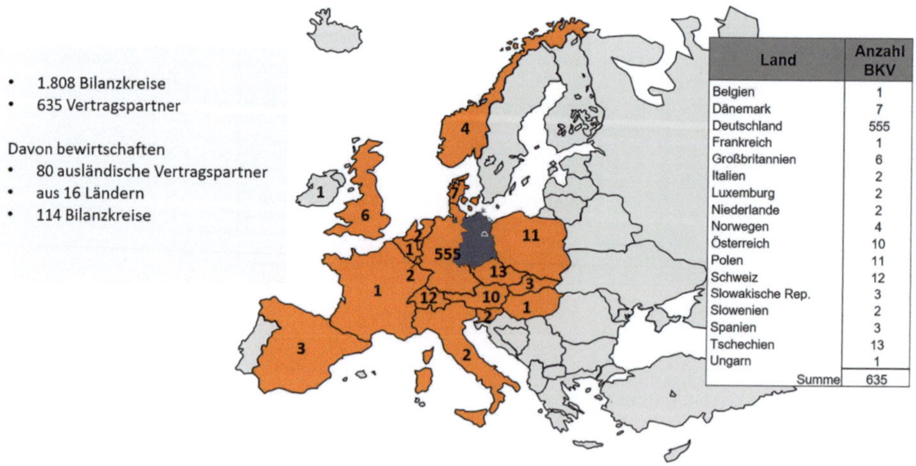

Land	Anzahl BKV
Belgien	1
Dänemark	7
Deutschland	555
Frankreich	1
Großbritannien	6
Italien	2
Luxemburg	2
Niederlande	2
Norwegen	4
Österreich	10
Polen	11
Schweiz	12
Slowakische Rep.	3
Slowenien	2
Spanien	3
Tschechien	13
Ungarn	1
Summe	635

Abb. 3.11 Bilanzkreiskunden der Regelzone 50Hertz, Stand 31.12.2024

Der Abschluss eines Bilanzkreisvertrags mit einem deutschen Übertragungsnetzbetreiber ist die Grundlage für die Teilnahme am deutschen Strommarkt. Diese Möglichkeit besteht auch für ausländische Kunden, wie in Abb. 3.11 vorgestellt. Ein Bilanzkreisverantwortlicher muss den von der Bundesnetzagentur (BNetzA) vorgegebenen Standardvertrag mit dem ÜNB abschließen. Der ÜNB ist gesetzlich verpflichtet, mit jedem Interessenten einen Bilanzkreisvertrag abzuschließen, wenn er die folgenden Bedingungen erfüllt:

- Umfangreiches Kontaktblatt, das die zuständigen Personen und deren Kontakte benennt, ist vollständig ausgefüllt und abgegeben
- ein EIC (Energy Identification Code) für den jeweiligen Bilanzkreis (BK) liegt vor. EIC sind 16-stellige Identifikationsnummern, welche einem von ENTSO-E entwickelten, europäischen Standard entsprechen und im elektronischen Datenaustausch verwendet werden. APCS vergibt EIC für Unternehmen mit Firmensitz in Österreich für die Marktsegmente Strom und Gas (in Deutschland macht dies der BDEW).
- der Kunde besitzt eine MP-ID (die Marktpartneridentifikationsnummer, auch BDEW-Codenummer genannt) die gemäß den allgemeinen Festlegungen der EDI@Energy, ein notwendiger Identifikator ist. Mit ihr kann jeder Marktteilnehmer und seine jeweilige Rolle im Markt eindeutig identifiziert werden.

Der ÜNB wacht über die Erfüllung der Pflichten aus dem Bilanzkreisvertrag. Die Sanktionsmöglichkeiten des ÜNB gegenüber den Bilanzkunden werden von der BNetzA geregelt. Aus diesem Grund haben die ÜNB ein umfassendes Risikomanagementsystem eingeführt, um sicherzustellen, dass Schäden für die Allgemeinheit, die durch Insolvenzen oder Bilanzkreisbetrug entstehen, so weit wie möglich minimiert werden. Zu den Angaben, die für das Risikomanagement benutzt werden, gehören

- Bonitätsprüfung des Vertragspartners,
- Analyse der Geschäftsberichte,
- Prüfung des Handelsregisters,
- Sicherheitsleistungen.

Der Bilanzkreisvertrag kann durch ÜNB gekündigt werden, insbesondere wenn

- in dem jeweiligen Bilanzkreis über drei Monate kein energetischer Umsatz stattgefunden hat,
- zum wiederholten Mal signifikante Bilanzkreisabweichungen (Prognosepflichtverletzungen) im Bilanzkreis des BKV verursacht worden sind,
- geforderte Sicherheiten nicht gestellt worden sind,
- Bilanzkreisabrechnungen nicht bezahlt werden.

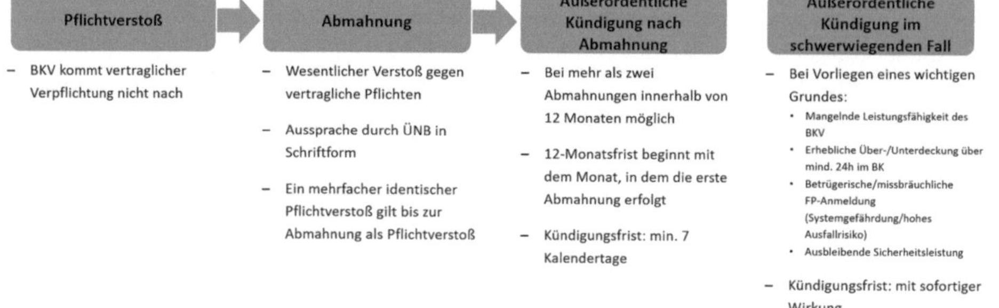

Abb. 3.12 Der Abmahnungsmechanismus des neuen Bilanzkreisvertrags nach dem § 20 des BKV

Aus der Erfahrung kann man sagen, dass die Zahlungsmoral der Bilanzkreise in der Regel sehr gut ist, was nicht zuletzt auf die Möglichkeit für die Sanktionen bis zu der fristlosen Kündigung zurückzuführen ist.

Insbesondere der Sanktionsmechanismus, der das zuverlässige Funktionieren des Energiemarkts überwachen und schützen soll, hat im BKV einige Bedeutung erlangt. Das Abmahnverfahren wird in Abb. 3.12 grafisch dargestellt.

Von der Pflichtverletzung bis zur außerordentlichen Kündigung ist es ein weiter Weg. Um eine Kündigung rechtssicher aussprechen zu können, müssten viele Hürden genommen werden, wobei ein früheres Eingreifen nach dem novellierten BKV für alle Beteiligten sinnvoll und hilfreich sein kann.

Unregelmäßigkeiten bei der Erfüllung der BKV-Pflichten können grundsätzlich zu einer Verteuerung der Energie und in vielen Fällen zu einer Gefährdung der Systemstabilität führen.

In Beispiel 3.4 sind einige kritische Netzsituationen dargestellt, die durch einen unzureichenden Bilanzausgleich im 50Hertz-Gebiet im Jahr 2019 entstanden sind.

Beispiel 3.4 – Strombilanzierung: 50Hertz – ausgewählte, kritische Tage

In Abb. 3.13 werden Strombilanzungleichgewichte aus gewählten Tagen im Juni 2019 dargestellt.

An diesen Tagen ist es mehrfach zu erheblichen Ungleichgewichten (rote gestrichelte Linie in Abb. 3.13) aufgrund von Fahrplanabweichungen im Energiesystem gekommen. Die von den ÜNB vorgesehenen Regelreserven waren ausgeschöpft und ein maßgeblicher Zukauf von zusätzlichen Reserven verursachte erhebliche Kosten. Als Konsequenz mussten sich Verursacher gegenüber der BNetzA erklären und wurden abgemahnt. Infolgedessen wurden die Verfahren, die zur Überwachung der Bilanzkreistreue vorgesehen waren, weiter modifiziert. Die ÜNB erhalten von dem Regulator (BNetzA) weitergehende Rechte zum zeitnahen Datenempfang über die registrierende

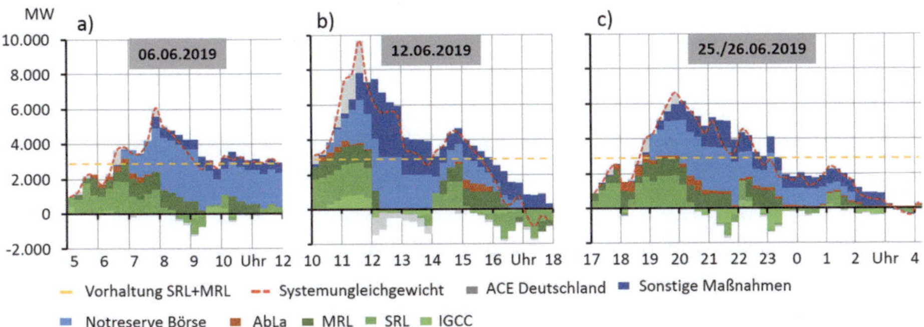

Abb. 3.13 Massive Abweichungen der Systembilanz im Juni 2019, unter anderem verursacht durch Bilanzkreisverantwortliche. 06.06.2019 (a) und 12.06.2019 (b): erhöhte Unsicherheit in der Prognose für Einspeisung aus erneuerbaren Energien und Marktreaktionen der BKV auf hohe Intraday-Preise (zeitliche Korrelation zw. hohen ID-Preisen und BKV-Abweichungen). c) 25./26.06.2019: keine signifikanten EE-Prognoseabweichungen bekannt, jedoch Marktreaktionen der BKV auf hohe Intraday-Preise (zeitliche Korrelation zw. hohen ID-Preisen und BKV-Abweichungen)

Lastflussmessung (rLM), die zum April 2020 umgesetzt ist. Diese Rechte ermöglichen a) kurzfristige Analysen der Bilanzkreistreue durch die vier ÜNB, b) die Einleitung von optimalen Maßnahmen zur Verhinderung von Manipulationen und c) führen zu einer höheren Disziplin im Elektroenergiesystem. Die in Abb. 3.13 dargestellten Lastkurven zeigen, dass zu den analysierten Zeiten zwischen geringen Regelarbeitspreisen (zur Bilanzkreisausregelung) und hohen Börsenpreisen spekuliert wurde. Einfach gesprochen wurden die Bilanzkreise teilweise nicht optimal gefahren (bewirtschaftet) und der eigentlich dafür vorgesehene Strom teuer verkauft. Die ÜNB hatten Mühe, die Defizite über Notkäufe zu decken, um im europäischen Energiesystem die Frequenz von 50 Hz zu halten (fällt die Erzeugung unter den Bedarf, sinkt die Frequenz).

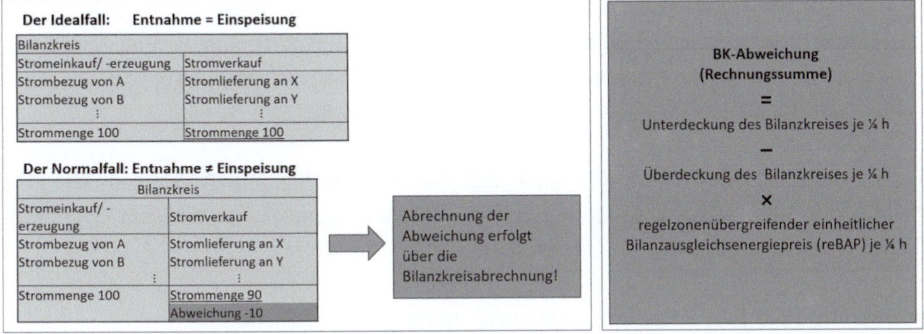

Abb. 3.14 Idealfall und Normalfall der Bilanzkreisabrechnung

◄

Die Bilanzierung von Erzeugung und Verbrauch erfolgt in drei Schritten.

- Ausgleichschritt 1: Ausgleich von Einspeisungen und Entnahmen innerhalb eines Bilanzkreises

  In einem Bilanzkreis kann es, wie bereits erwähnt, sowohl Erzeugung als auch Verbrauch geben. Über die Bilanzierung von Fahrplänen, die für die Erzeuger und Verbraucher getrennt erstellt werden, wird für jeden Bilanzkreis ein Stromimport oder -export prognostiziert und angemeldet. Bei einer ausgeglichenen Bilanz eines BK ist der externe Austausch logischerweise gleich null.
- Ausgleichschritt 2: anteiliger Ausgleich von über- und unterdeckten Bilanzkreisen

  Die Begriffe „Überdecken" und „Unterdecken" werden in Definition 3.5 erläutert.

▶ **Definition 3.5 – Bilanzen eines BK**

Ein Bilanzkreisist überdeckt, wenn die Erzeugung für ein Abrechnungsintervall (eine Viertelstunde) in diesem Bilanzkreis den Verbrauch übersteigt.

Ein Bilanzkreisist unterdeckt, wenn der Verbrauch für ein Abrechnungsintervall (eine Viertelstunde) in diesem Bilanzkreis die Erzeugung übersteigt.

In einer Regelzone kann eine Unterdeckung eines Bilanzkreises durch eine Überdeckung eines anderen Bilanzkreises ausgeglichen werden. Das System wäre dann ausgeglichen und es wäre keine Ausgleichsenergie notwendig.

- Ausgleichschritt 3: Der ÜNB gleicht die zwischen allen Einspeisungen und Entnahmen noch verbleibenden Abweichungen aus.

  In der Praxis tritt das theoretische Denkmodell, dass die Summe der Fahrpläne (Plan) der Summe in der Realität (Ist) entspricht, sehr selten auf. Deshalb ist der ÜNB für den Restausgleich der Ungleichgewichte in seiner Regelzone zuständig. Im Normalfall greifen bei Ungleichgewichten zunächst automatisch die Primär- und Sekundärregelungen und anschließend manuell die Tertiärregelungen ein. Diese führen den Ist-Saldo der Regelzone auf den jeweiligen Planwert zurück (bei 50Hertz wird die Netzfrequenz als Indikator des Ausgleichs beobachtet).

Bei der Führung des Smart Grids muss man über höchste Flexibilität verfügen, die priorisiert für system-, netz- und marktdienliche Aufgaben genutzt werden kann (Definition 3.6, aber auch Abschn. 3.1.2).

▶ **Definition 3.6 [20] – System-, netz- und marktdienliche Flexibilität**

- Systemdienliche Flexibilität: Nutzung der Flexibilität (durch die Übertragungsnetzbetreiber) zum Erhalt der Systemstabilität, also dem übergeordneten Verbund aller Zellen bzw. einem Zusammenschluss von Zellen
- Marktdienliche Flexibilität: Nutzung der Flexibilität vom Markt als Energieausgleich oder beispielsweise bei stark volatilen Marktpreisen. Der Wert liegt in der Nutzung durch einzelne Marktparteien/Zellen (Portfoliooptimierung)
- Netzdienliche Flexibilität: von den Netzbetreibern zur Beherrschung bzw. Vermeidung kritischer Netzsituationen genutzte Flexibilität, um die Versorgung mit einer gewissen Versorgungsqualität aufrecht zu erhalten sowie vorhandene Infrastruktur effizienter auszunutzen

Im Gegensatz zu den beiden anderen Flexibilitätsformen ist die netzdienliche Flexibilität immer durch die lokale Komponente mit ihrer Wirkung in einem konkreten Netzsegment geprägt. Netzdienliche Flexibilität ist ein wichtiges Element, um die Überlastung von Leitungen zu vermeiden (präventives Netzengpassmanagement) oder zu beherrschen (kuratives Netzengpassmanagement). Im aktuellen regulatorischen Rahmen ist hier insbesondere auf die §§ 13, 14a EnWG zu verweisen. Als systemdienliche Flexibilität wird im Allgemeinen Regelleistung verstanden, deren Ziel das Systemgleichgewicht und somit eine stabile Frequenz des Gesamtsystems ist (Kontinentaleuropa, ENTSO-E-Netz). Rechtlich sind die Übergänge zwischen diesen beiden Einsatzzwecken fließend. Marktdienliche Flexibilität kann ebenfalls eine lokale Komponente beinhalten. In diesem Fall ist die lokale Komponente jedoch nicht durch physikalische Notwendigkeiten bedingt, sondern durch Präferenzen auf der Nachfrageseite.

Die ÜNB halten ausreichende Regelleistung für den Bilanzausgleich vor. Diese wird über eine Plattform europaweit ausgeschrieben und dort gehandelt. Die Kosten der Vorhaltung der Regelleistung werden über die Netznutzungsentgelte der ÜNB auf alle Netzkunden in der Regelzone gewälzt. Die genutzte Regelarbeit wird verursachungsgerecht den einzelnen Bilanzkreisen zugeordnet und abgerechnet. Prinzip ist: Wer den Ausgleich unterstützt, erhält eine Zahlung, wer gegenläufig arbeitet, zahlt dafür. Das ist die Basis der Bilanzkreisabrechnung. Der regelzonenübergreifende Bilanzausgleichsenergiepreis (reBAP) soll motivieren, systemdienlich zu arbeiten und möglichst wenig Regelleistungsaktivierung zu verursachen.

Fundamentale Ereignisse im Strommarkt, Machinationen sowie unter anderem negative Preise an der Börse (siehe auch Beispiel 3.2) führen dazu, dass der reBAP ereignisbedingt angepasst wird. Es gibt tatsächlich eine Lernkurve. Abb. 3.14 zeigt schematisch den Abrechnungsmechanismus des Bilanzausgleichs. Die Abweichung je Viertelstunde wird mit dem jeweiligen Wert des reBAP multipliziert und für den Monat vorzeichengerecht aufsummiert. Es ist kein Geheimnis, dass der aufgezeigte Idealfall, sprich absolute Ausbilanzierung, äußerst selten vorkommt.

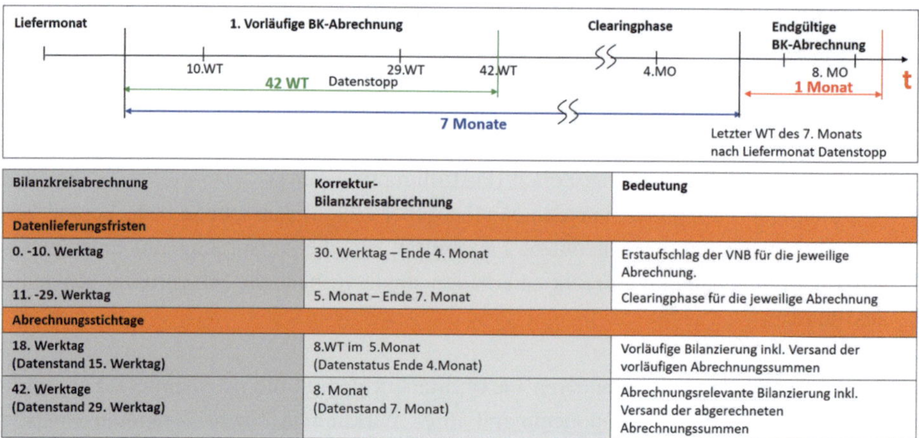

Bilanzkreisabrechnung	Korrektur-Bilanzkreisabrechnung	Bedeutung
Datenlieferungsfristen		
0. -10. Werktag	30. Werktag – Ende 4. Monat	Erstaufschlag der VNB für die jeweilige Abrechnung.
11. -29. Werktag	5. Monat – Ende 7. Monat	Clearingphase für die jeweilige Abrechnung
Abrechnungsstichtage		
18. Werktag (Datenstand 15. Werktag)	8.WT im 5.Monat (Datenstatus Ende 4.Monat)	Vorläufige Bilanzierung inkl. Versand der vorläufigen Abrechnungssummen
42. Werktage (Datenstand 29. Werktag)	8. Monat (Datenstand 7. Monat)	Abrechnungsrelevante Bilanzierung inkl. Versand der abgerechneten Abrechnungssummen

Abb. 3.15 Fristen in der Bilanzkreisabrechnung

Ein Grund für die hohen Risiken bei der Bilanzkreisabrechnung sind die langen Fristen der Abrechnung. Nach einer Phase der vorläufigen Abrechnung folgt eine Phase des Clearings, also der Überprüfung. Die endgültige Bilanzkreisabrechnung erfolgt erst nach acht Monaten. In Abb. 3.15 ist der zeitliche Verlauf der Abrechnungsschritte und in Beispiel 3.5 die beispielhafte Visualisierung der jährlichen Bilanzkreisabrechnung (Jahreskalender) dargestellt.

> **Beispiel 3.5 – Beispielhafte Visualisierung der jährlichen Bilanzkreisabrechnung (50Hertz)**
>
> In Abb. 3.16 ist der Auszug aus dem Abrechnungszeitplan dargestellt.
>
> Hierbei werden abrechnungsrelevante Termine erfasst, die für diesen Prozess (Personaleinsatz, IT-Ressourcen, Releasewechsel etc.) wichtig sind. Es ist klar zu sehen (Abb. 3.16), welcher Aufwand betrieben wird, um die Abrechnungsergebnisse rechtlich sicher durchzusetzen.◄

In anderen Ländern erfolgt die Bilanzkreisabrechnung nach anderen Regeln. So wird in der Tschechischen Republik ein System mit Vorkasse verfolgt. Der Bilanzkreis wird am Folgetag vorläufig abgerechnet.

Dezember 2020

Datum	Nr.	Tag	KW	Ereignis	Ereignis
01.12.2020	1	Di		ABO 4.Mo (07/2020)	
02.12.2020	2	Mi			
03.12.2020	3	Do			
04.12.2020	4	Fr			
05.12.2020	5	Sa			
06.12.2020	6	So			
07.12.2020	7	Mo	50	DV 4.Mo (07/2020)	
08.12.2020	8	Di		ABO KBKA (04/2020)	
09.12.2020	9	Mi			
10.12.2020	10	Do			
11.12.2020	11	Fr			
12.12.2020	12	Sa			
13.12.2020	13	So			
14.12.2020	14	Mo	51	30.WT (10/2020)	10.WT (11/2020)
15.12.2020	15	Di			
16.12.2020	16	Mi		12.WT BK (11/2020)	
17.12.2020	17	Do			
18.12.2020	18	Fr		34.WT (10/2020)	
19.12.2020	19	Sa			
20.12.2020	20	So			
21.12.2020	21	Mo	52	ABO 30/34.WT(10/2020)	15.WT (11/2020)
22.12.2020	22	Di		Abo 15.WT (11/2020)	
23.12.2020	23	Mi			
24.12.2020	24	Do		Heiligabend	
25.12.2020	25	Fr		1.Weihnachtstag	
26.12.2020	26	Sa		2.Weihnachtstag	
27.12.2020	27	So			
28.12.2020	28	Mo	53	DV 18.WT (11/2020)	
29.12.2020	29	Di			

Januar 2021

Datum	Nr.	Tag	KW	Ereignis	Ereignis
01.01.2021	1	Fr		Neujahr	
02.01.2021	2	Sa			
03.01.2021	3	So			
04.01.2021	4	Mo	1	ABO 4.Mo (08/2020)	
05.01.2021	5	Di		42.WT (10/2020)	
06.01.2021	6	Mi		Heilige Drei Könige	
07.01.2021	7	Do			
08.01.2021	8	Fr			
09.01.2021	9	Sa			
10.01.2021	10	So			
11.01.2021	11	Mo	2	DV 4.Mo (08/2020)	
12.01.2021	12	Di			
13.01.2021	13	Mi			
14.01.2021	14	Do			
15.01.2021	15	Fr		ABO KBKA (05/2020)	
16.01.2021	16	Sa			
17.01.2021	17	So			
18.01.2021	18	Mo	3	30.WT (11/2020)	10.WT BG (12/2020)
19.01.2021	19	Di			
20.01.2021	20	Mi		12.WT BK (12/2020)	
21.01.2021	21	Do		Rg. KBKA (05/2020)	
22.01.2021	22	Fr		34.WT (11/2020)	
23.01.2021	23	Sa			
24.01.2021	24	So			
25.01.2021	25	Mo	4	ABO 30/34.WT(11/2020)	15.WT (12/2020)
26.01.2021	26	Di		Abo 15.WT (12/2020)	
27.01.2021	27	Mi			
28.01.2021	28	Do		DV 18.WT (12/2020)	
29.01.2021	29	Fr			

Februar 2021

Datum	Nr.	Tag	KW	Ereignis	Ereignis
01.02.2021	1	Mo	5	ABO 4.Mo (09/2020)	20.WT reBAP (12/2020)
02.02.2021	2	Di			
03.02.2021	3	Mi		42.WT (11/2020)	
04.02.2021	4	Do			
05.02.2021	5	Fr		DV 4.Mo (09/2020)	
06.02.2021	6	Sa			
07.02.2021	7	So			
08.02.2021	8	Mo	6		
09.02.2021	9	Di			
10.02.2021	10	Mi			
11.02.2021	11	Do		ABO KBKA (06/2020)	
12.02.2021	12	Fr		10.WT BG (01/2021)	
13.02.2021	13	Sa			
14.02.2021	14	So			
15.02.2021	15	Mo	7	30.WT (12/2020)	
16.02.2021	16	Di		12.WT BK (01/2021)	
17.02.2021	17	Mi		Rg. KBKA (06/2020)	
18.02.2021	18	Do			
19.02.2021	19	Fr		34.WT (12/2020)	15.WT (01/2021)
20.02.2021	20	Sa			
21.02.2021	21	So			
22.02.2021	22	Mo	8	ABO 30/34.WT(12/2020)	Abo 15.WT (01/2021)
23.02.2021	23	Di			
24.02.2021	24	Mi		DV 18.WT (01/2021)	
25.02.2021	25	Do			
26.02.2021	26	Fr		20.WT reBAP (01/2021)	
27.02.2021	27	Sa			
28.02.2021	28	So			

Abb. 3.16 Ein Jahr in der Bilanzkreisabrechnung

3.2.2 Messstellenbetrieb: Rolle des Smart-Meter-Rollouts

Der Messstellenbetrieb stellt eine moderne und zuverlässige Messung und Zählung im Energiesystem sicher. Kommerzielle Energielieferungen werden über Zählung abgerechnet. Sie haben eine Schlüsselbedeutung für den Cashflow im Unternehmen (z. B. beim ÜNB, VNB, Erzeugungsunternehmen). Im Zuge der Energiewende nahm die Zahl der gemessenen Objekte zu. Außer den vielen Erzeugern und Verbrauchern müssen heute auch neue Kunden wie z. B. Energiespeicher und Prosumer abgerechnet werden.

Unterschieden wird zwischen dem grundzuständigen (gMSB) und dem wettbewerblichen Messstellenbetrieb (wMSB) [21]. Der gMSB bedient die eigenen, unmittelbaren Netzanschlüsse (für den ÜNB sind das die Anschlüsse zu den angeschlossenen VNB, Kraftwerken, Kundenanlagen). Der wMSB kann beliebigen Kunden Messdienstleistungen anbieten. Im Zuge der Liberalisierung des Strommarkts in Deutschland ist diese Dienstleistung seit 2008 möglich.

In den letzten Jahrzehnten erfolgte der Übergang von der traditionellen Technik der registrierenden Lastflussmessung ab der Mittelspannung und Ferraris-Zählern in der Niederspannung und in den Haushalten zu modernen Smart-Meter-Systemen. Die dadurch entstandene digitale Infrastruktur ermöglicht die Vernetzung aller Akteure im Energiemarkt im Sinne des Smart-Grid-Konzepts und sorgt für eine hohe Effizienz des Energiesystems. Erzeugern, Speichern und flexiblen Verbrauchern steht damit eine schnelle, sichere, standardisierte und für große Massendatenvolumina geeignete Kommunikationsverbindung zur Verfügung.

In der EU gibt es einen differenzierten Stand beim Smart-Meter-Rollout. In Abb. 3.17 sind der Stand und die Pläne für den Einsatz von Smart Metern in Europa aufgeführt. Es wird gezeigt, dass es auch Länder gibt (z. B. Schweiz oder Norwegen), die bislang keinen Smart-Meter-Einsatz planen.

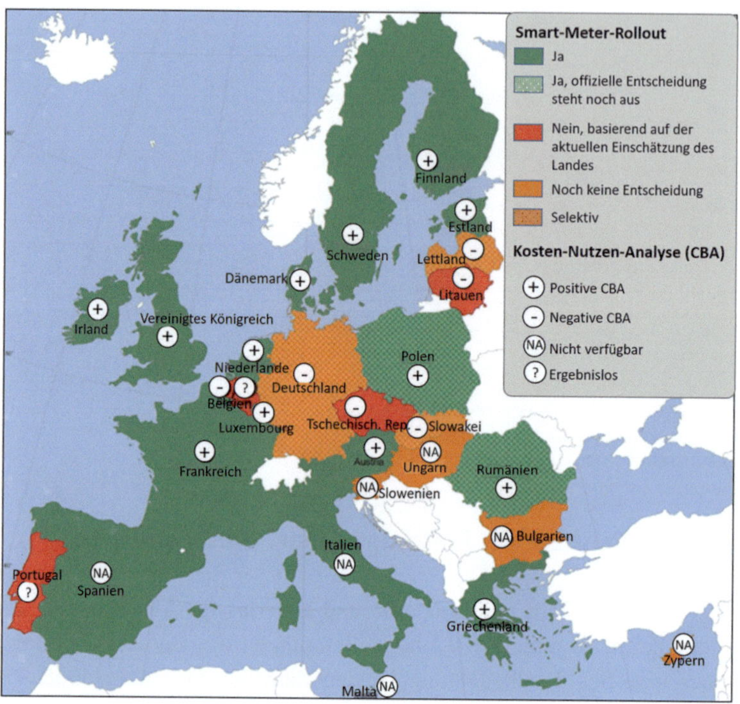

Abb. 3.17 Der Smart-Meter-Rollout in der EU, Stand 08.06.2020 [21]

In Deutschland wurden Smart Meter (intelligente Messsysteme, siehe auch Definition 3.7) bereits in den 2000er-Jahren getestet. Ein flächendeckender Einsatz erfolgte jedoch aus Kostengründen bis heute nicht. Insbesondere der Nutzen für die Kundinnen und Kunden, die die Kosten zu tragen haben, war nicht überzeugend genug. In anderen Ländern, in denen beispielsweise ein hoher Anteil an Stromdiebstahl zu verzeichnen war, wurde diese neue Messtechnik schon früher eingesetzt. Mit dem dritten EU-Binnenmarktpaket wurde unter anderem die Energieeffizienzrichtlinie 2009/72/EG verabschiedet, die es jedem Mitgliedstaat erlaubt, eine eigene Kosten-Nutzen-Analyse durchzuführen. Diese wurde für Deutschland von der Ernst & Young GmbH durchgeführt und 2012 vorgelegt. Danach wurde ein gestaffelter Einbau von Smart Metern empfohlen. Dies spiegelt sich im Gesetz zur Digitalisierung der Energiewende von 2016 wider, welches den Rollout von iMS über das Messstellenbetriebsgesetz (MsbG) regelt. Das MsbG legt die Regelungen zur Erhebung, Übermittlung und Verwendung von Daten fest. Schließlich gab das BMWi den Start

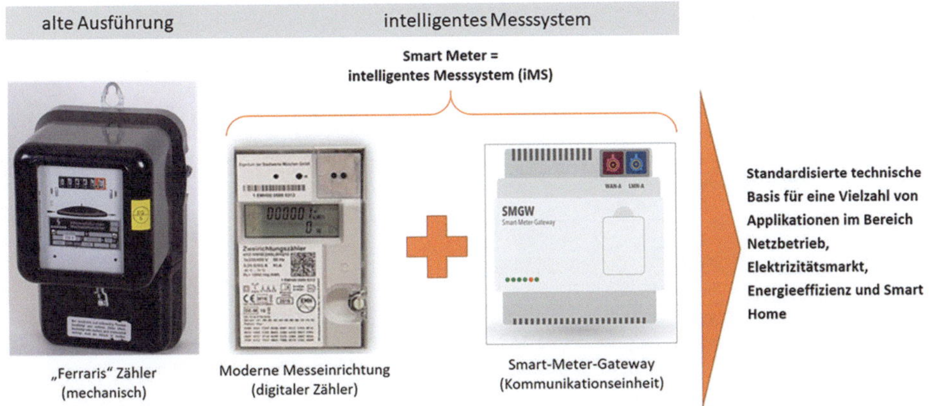

Abb. 3.18 Technik im Wandel – Messsysteme gestern und heute [1]

des Rollouts für den 31.02.2020 bekannt, nachdem die Bedingungen von drei zertifizierten SMGW und drei verschiedenen Smart-Meter-Herstellern erfüllt wurden.

▶ **Definition 3.7 – Intelligentes Messsystem**
Gemäß der Rollout-Systematik besteht ein intelligentes Messsystem als Messanordnung aus einer Messeinrichtung und einem Gateway. Somit kann ein intelligentes Messsystem wie folgt definiert werden.

Moderne Messeinrichtung + Smart-Meter-Gateway= intelligentes Messsystem

Ein modernes Messsystem kann eine registrierende Leistungsmessung (rLM) oder ein digitaler Zähler sein. Ein Smart-Meter-Gateway wandelt die gemessenen Daten in die Kommunikationsprotokolle und ist für die Erstellung der Verbindung zwischen Marktakteuren verantwortlich. In Abb. 3.18 sind die dazu genutzten Geräte dargestellt.

Der Smart-Meter-Rollout wurde aufgrund von unterschiedlichen Anwendungsfällen („use cases") optimiert.

Die Smart-Meter-Rollout-Anwendungsfälle und die dafür geplanten Einführungszeiträume sind in Abb. 3.19 grafisch dargestellt. Gleichzeitig ist dort auch die sogenannte Preisobergrenze (POG) dargestellt, die als Jahrespreis zu verstehen ist. Für Deutschland ist ein vollständiger Rollout bis 2032 geplant.

Mit Smart-Meter-Gateways wird die sternförmige Kommunikation, d. h. die Datenlieferung an die einzelnen Marktteilnehmer, ermöglicht. Abb. 3.20 zeigt die drei Modelle der Messdatenverteilung: linear, sternförmig mit und ohne Datenmanager.

Die Anwendung dieser Modelle ist historisch bedingt. Die Rolle des Datenmanagers wird vorerst vom Messstellenbetreiber (MSB) übernommen. Im Prinzip werden die Messdaten, wie bereits erwähnt, am Folgetag allen Akteuren zur Verfügung stehen. Daraus ergeben sich erhebliche Vorteile für die Prognosequalität, die Erbringungskontrolle der

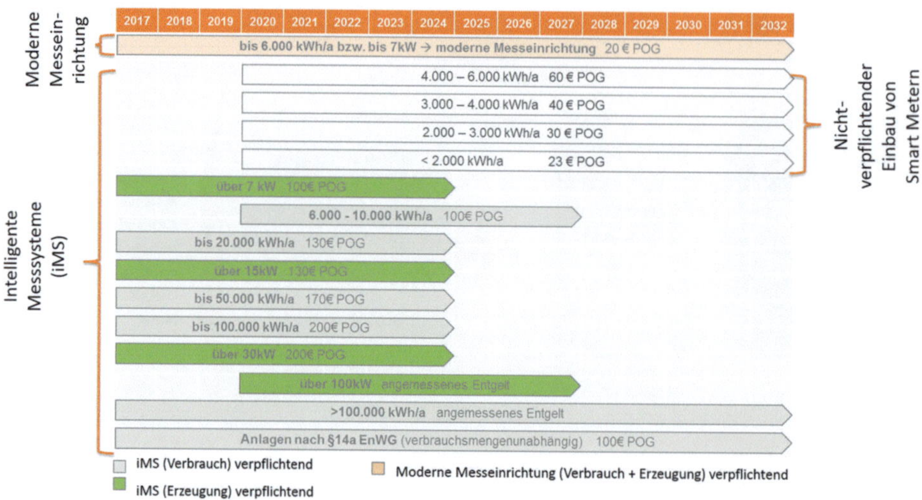

Abb. 3.19 Kategorien, Fristen und Preisobergrenzen gemäß Messstellenbetriebsgesetz (MsbG) [22]

Systemdienstleistungen und vor allem die zeitnahe Bewertung der Bilanzkreistreue als Grundvoraussetzung für die Systemsicherheit.

In Abb. 3.21 ist die Charakterisierung der neuen Marktrollen des ÜNB und der veränderten Aufgaben des MSB dargestellt. Der ÜNB empfängt die Massendaten, der MSB ist für die Einhaltung der Fristen des Smart-Meter-Rollouts zuständig. In seiner neuen Marktrolle erhält der ÜNB die Massendaten, prüft die Qualität und nutzt diese für verschiedene Anwendungsfälle.

Beispiel 3.6 zeigt, welche Aufgaben bei 50Hertz zur Umsetzung der verschiedenen Marktrollen zugeordnet wurden und welche System- und Prozessanforderungen sich daraus ergeben.

Beispiel 3.6 – Marktspezifische Systeme für die unterschiedlichen Marktrollen (50Hertz)

Einhergehend mit den Aufgaben nach dem Digitalisierungsgesetz sind für die Umsetzung der verschiedenen Marktrollen entsprechende IT-Systeme erforderlich. Für den ÜNB 50Hertz sind beispielhaft die folgenden marktrollenspezifischen Systeme und Prozesse definiert:

- **Neue Marktrolle – ÜNB:**
  - Sicherstellung des Empfangs von Daten aus 1,6 Mio. intelligenten Messsystemen innerhalb der Regelzone
  - Implementierung neues IT-System für Meter-Data-Management (MDM)
  - Umsetzung der Anwendungsfälle für den ÜNB

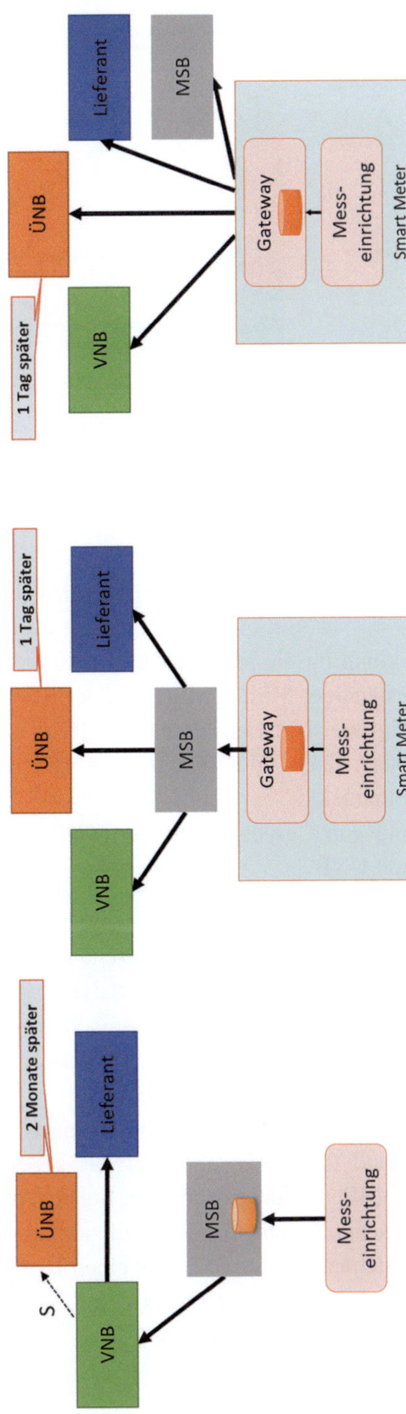

Abb. 3.20 Die Messdatenverteilung im Wandel. **a** Lineares Modell (bisher). **b** (MaKo 2020) Sternförmiges Modell mit Datenmanager (heutige Praxis). **c** Sternförmiges Modell ohne Datenmanager (Zielmodell)

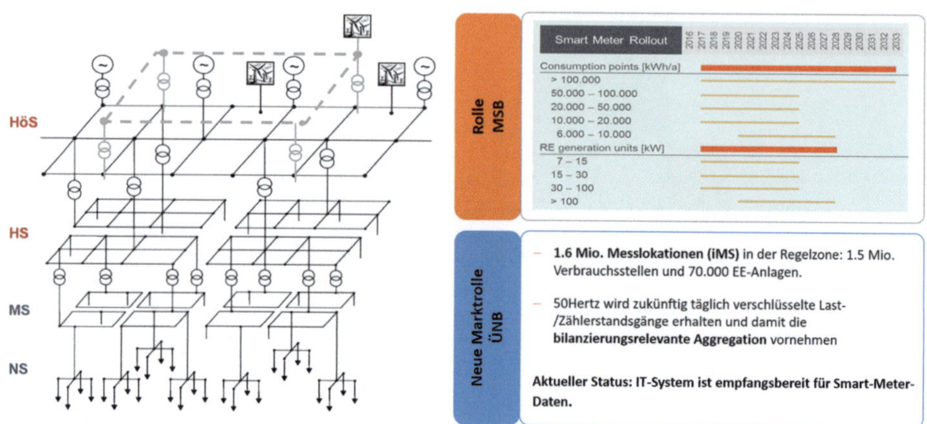

Abb. 3.21 Die neuen Rollen und Verpflichtungen für ÜNB und MSB am Beispiel von 50Hertz

- **Neue Marktrolle – (g)MSB**
  - Implementierung neues IT-System für Parametrierung und Empfang/Versand von Smart-Meter-Daten
  - Buchhalterische Entflechtung für die MSB-Rolle
  - Anmeldung als grundzuständiger MSB (gMSB) bei der BNetzA
- **Bisherige Markrollen – Digitaler Netzbetreiber (NB, BIKO und LF/BKV)**
  - Ertüchtigung der Bestandssysteme für die Marktrollen VNB, BIKO und LF/BKV für MaKo 2020 und Zielmodell
  - Systemseitige Umsetzung von Geschäftsprozessen (WIM, MaBiS, GPKE) für die Marktrollen MSB und ÜNB

Mit der Bestellung und Umsetzung der IT-Systeme wurde bei 50Hertz im Jahre 2016 begonnen. Hochkomplexe und automatisierte Massendatensysteme erfordern die Beauftragung von hoch qualifizierten Dienstleistern. Das ÜNB-Daten-Empfangssystem wird im 50Hertz-Rechenzentrum aufgebaut. Die ursprünglich prognostizierten Datenmengen und Kommunikationsarten sind in Abb. 3.22 dargestellt. Der Hochlauf des Smart-Meter-Rollouts geht auch im Jahre 2025 voran.

Die MSB-System-Funktionen werden oft als Dienstleistungen von Dritten für den MSB erbracht. Bei 50Hertz sind dies z. B. „Software as a Service (SaaS)"- und „Business Process Outsourcing (BPO)"-Funktionalitäten. Bei der Auswahl der Systeme stehen Fragen wie Kosteneffizienz, Skaleneffekte, Zertifizierung von Rechenzentren und Know-how-Aufbau im Mittelpunkt. Abb. 3.23 gibt einen Überblick über die Aufgabenteilung mit Dienstleistern am Beispiel von 50Hertz. Im Laufe von 2025 wird das System umgestellt und zum Teil wieder internalisiert.

◄

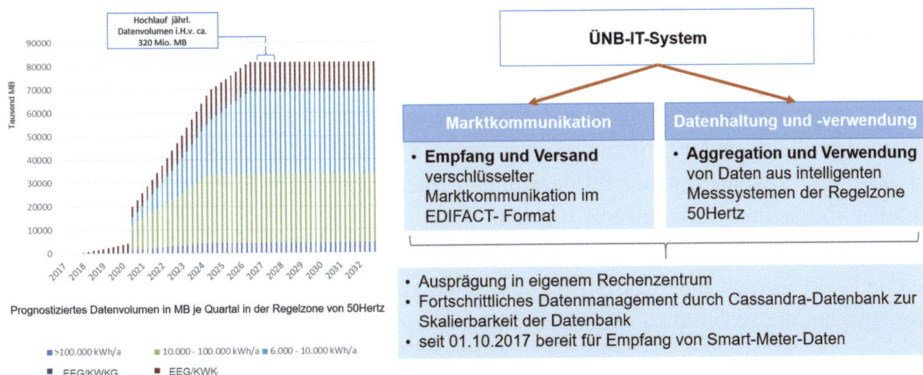

Abb. 3.22 Das ÜNB-Empfangssystem muss massendatentauglich sein [16]

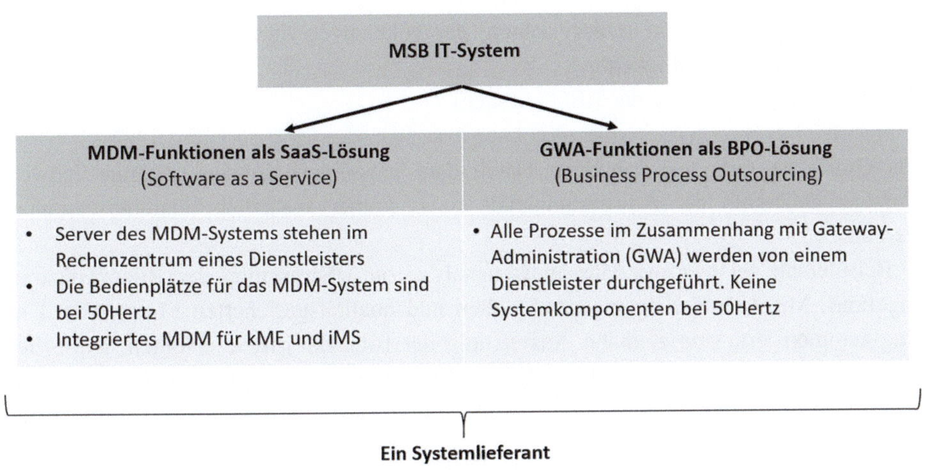

Abb. 3.23 Das MSB-System als dienstleistergestützte Lösung [1]

3.2.3 Marktkommunikation und Messdatenanalyse

Die Marktkommunikation soll den automatisierten Austausch von Daten und Informationen zwischen allen Marktteilnehmern ermöglichen. Unklarheiten in der Formulierung der Anwendungsregeln führen zu Behinderungen im automatisierten Betrieb und machen menschliche (manuelle) Eingriffe notwendig. So mussten bei der Einführung der ersten MaBiS bei einigen VNB jeweils mehr als 100 Mitarbeiter eingesetzt werden, um die Prozesse eindeutig zu bearbeiten. Dies betraf insbesondere die Durchführung der Clearingprozesse. Die Nachschärfung der Regeln bis hin zur vollständigen Automatisierbarkeit benötigt Zeit und geht mit Abstimmungsprozessen zwischen Branchenverband (BDEW), Regulator (Bundesnetzagentur) und Interessenverbänden (ÜNB, VKU u. a.) einher.

Neben dem ursprünglichen Zweck des Messwesens – Durchführung von Zählungen für die gemessene Strom- und Bilanzierungsdienstleistung – kommen heute weitere Ziele hinzu. Qualitäts- und Erbringungskontrollen sowie Erzeugungs- und Bilanzierungsprognosen, die in heute zunehmend dezentralen Energiesystemen eine entscheidende Rolle spielen, müssen auch digitalisiert werden.

Im Messstellenbetriebsgesetz (MsbG) [23] ist die zweckgebundene Datennutzung strikt geregelt. So werden hier vier Anwendungsfälle zur Nutzung der Daten durch den ÜNB vorgegeben, die verbindlich sind. Das sind:

- Systemführung (Erbringungskontrolle und Abrechnung für Kapazitätsverpflichtungen und Regelleistung)
- Betriebsführung und Netzplanung (Prognose der Abnahmestellen mit Eigenerzeugung; verbesserte Kurzfristprognosen der Ist-Einspeisung, insbesondere PV)
- Bilanzkreismanagement (Überwachung der Bilanztreue durch kurzfristige Analysen von Bilanzkreisauffälligkeiten)
- Abrechnung (Erhebung der EEG-Umlage)

Als Grundsatz gilt, dass erhobene Daten dem jeweiligen Kunden gehören. Jedwede Nutzung außerhalb der Anwendungsfälle muss immer zusätzlich bilateral vereinbart werden.

Beispielhaft sei hier die Massendatenanalyse zur Überprüfung der Bilanzkreistreue angeführt. Mit dem Vorliegen von aktuellen und qualitätsgesicherten Messwerten kann eine automatisierte und zeitnahe Auswertung der Bilanzkreistreue erfolgen. Diese liegt vor, wenn der BKV die gemeldeten Fahrpläne bzw. Prognosen auch einhält. Abb. 3.24 zeigt die Verknüpfung der einzelnen IT-Tools, Plattformen und Datenbanken zur Stärkung der Bilanzkreistreue.

Zur Überwachung der Einhaltung der Bilanzierungsregeln werden verschiedene statistische Methoden eingesetzt. Mithilfe dieser Methoden können Rückschlüsse auf das Bilanzkreismanagement hinsichtlich der Einhaltung der Regeln gezogen werden. In Beispiel 3.7 wird die Vorgehensweise von 50Hertz in diesem Prozess erläutert.

Beispiel 3.7 – Bilanztreueanalyse am Beispiel von 50Hertz

Abb. 3.25 zeigt die Anomalie in der Fahrplanwahrnehmung durch einen Bilanzkreis in der 50Hertz-Regelzone.

Mit den statistischen Methoden wird die Ursache der Anomalien analysiert, unabhängig davon, ob es sich um physikalische oder handelsbezogene Auffälligkeiten handelt. Da kein Marktteilnehmer vor den physikalischen Störungen sicher ist (z. B.

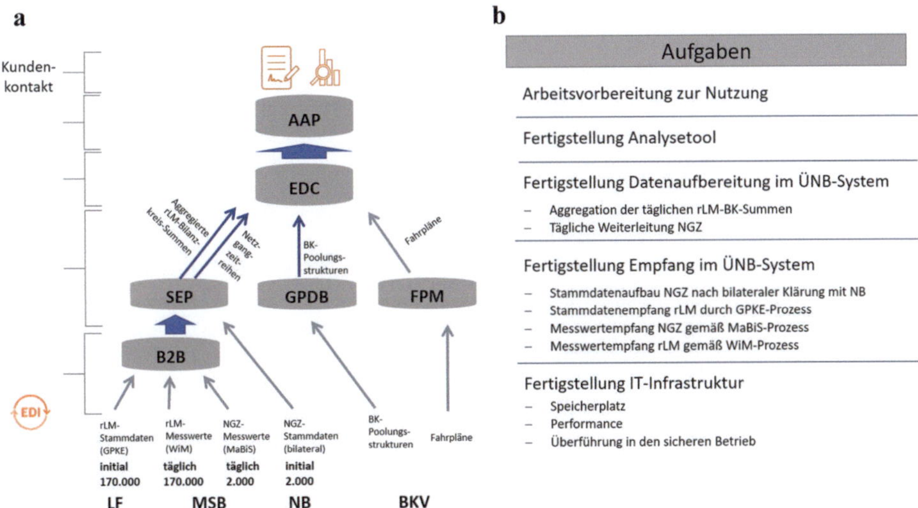

Abb. 3.24 Analyse der rLM-Daten zur Bilanzkreistreue. **a)** Datenfluss. **b)** Aufgaben [1]

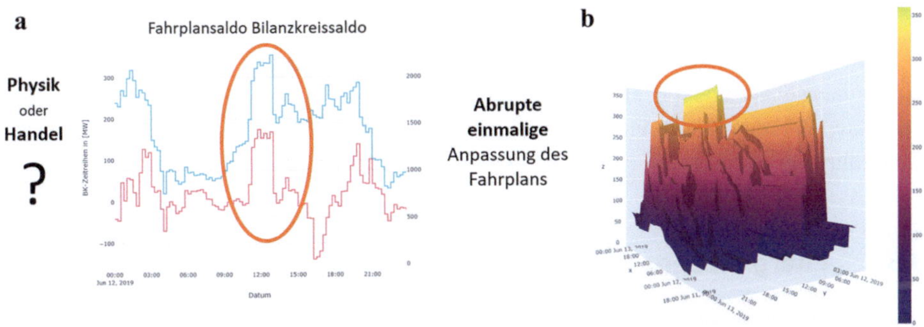

Abb. 3.25 Nutzung von statistischen Methoden zur Analyse der Bilanzkreistreue. Identifikation von Auffälligkeiten im Fahrplan versus Bilanzkreissaldo: als Einzelverhalten des Bilanzkreissaldos (**a**) und als Vergleich über mehrere Ereignisse hinweg (**b**) [16]

Ausfall lokaler Erzeugung), müssen in solchen Fällen nach den gegebenen Regeln zeitnah die Abweichungen von geplanten Fahrplänen energetisch kompensiert werden. Bei Interventionen von Stromhändlern ist zu prüfen, welche Ursachen diese haben.

In Abb. 3.25a wird ersichtlich, dass der Fahrplan dem Bilanzkreissaldo mit großer Genauigkeit folgt. In anderen Fällen kann dies in der Abbildung nicht beobachtet werden. Ist dies ein Zufall oder steckt dahinter eine Intention? In Abb. 3.25b ist zu sehen, dass das Verhalten, das durch eine abrupte einmalige Fahrplananpassung verursacht wird, immer zur vollen Stunde erfolgt.◄

Tab. 3.7 Produkte der neuen Marktrolle ÜNB und deren Kundennutzen

Produktgruppe	Produkte	Eigenschaften	Nutzer	Zweck
Bilanzkreisabrechnung	BG-Σ-Zeitreihen (mtl.) BK-Σ-Zeitreihen (mtl.) LF-Σ-Zeitreihen (mtl.)	Bilanzkreis Bilanzierungsgebiete Zeitreihentypen Spannungsebenen	BIKO NB BKV LF	Rechnungsstellung Bilanzierungs-/ Rechnungsprüfung
Systemstabilität	BG-Σ-Zeitreihen (tgl.) BK-Σ-Zeitreihen (tgl.) Analysetool BK-Treue	Bilanzierungsgebiete Zeitreihentypen Spannungsebenen	NB BKV ÜNB	Netzbilanzen Prognosegüte BK-Treue
Datenkonsistenz	QS-Stammdatenloop QS-Bewegungsdaten Clearinglisten/DZÜ Plausibilitätsanalyse	Diskrepanzen in Stamm- und Messdaten	NB LF MSB	Erhöhung Datenqualität Datensynchronisation
Regelzonenprognose	Energiewirtschaftliche Analysen ÜNB-Prognosen	Nutzerspezifische Prognosen	ÜNB KV, LF NB	Analyse volatiler Schwankungen Vermeidung von Über-/Unterdeckungen Reduktion DBA

BG: Bilanzierungsgebiet; BIKO: Bilanzkoordinator; BK: Bilanzkreis;; BKV: Bilanzkreisverantwortlicher; DBA: Differenzbilanzaggregat; DZÜ: Deltazeitreihenübertrag; LF: Lieferant; MSB: Messstellenbetreiber; mtl.: monatlich; NB: Netzbetreiber; tgl.: täglich; ÜNB: Übertragungsnetzbetreiber

Zusammenfassend lässt sich sagen, dass die Digitalisierung in der Marktkommunikation immense Vorteile für alle Marktteilnehmer und alle Marktrollen bringt. Die neuen Produkte, die den ÜNB und ihren Kunden zur Verfügung stehen, sind in Tab. 3.7 aufgeführt.

3.3   Energiewende im Wandel

Das Smart Grid entwickelt sich ständig weiter. Inzwischen werden in Deutschland (2025) mehr als 50 % [23] des verbrauchten Stroms aus erneuerbaren Quellen erzeugt. In der Regelzone von 50Hertz sind es 2024 bereits 74 %.

Die kontrollierte Wechselwirkung zwischen dem Ausbau neuer Erzeugungskapazitäten und der System- und Versorgungssicherheit führte kontinuierlich zu notwendigen regulatorischen Anpassungen. Dennoch nehmen in den letzten Jahren sowohl Wirtschaftlichkeitsfragen (Preisphänomene wie negative Preise nehmen zu und traten im Jahr 2024 an 457 h pro Jahr auf) als auch, laut ÜNB [24, 25], die Transport- und Bilanzierungsrisiken zu. Gerade in diesem Bereich besteht dringender Handlungsbedarf [24, 25].

Von den drei Grundfunktionalitäten der Anlagen im Netz,

- Systemdienlichkeit,

- Netzdienlichkeit,
- Marktdienlichkeit,

ist das marktdienliche Verhalten in der letzten Zeit immer stärker in den Vordergrund getreten. Die Wirtschaftlichkeit des Netzausbaus sollte höchste Priorität haben, um unnötige Mehrkosten (z. B. durch Vorhalten von Überkapazitäten in Netzen) zu vermeiden und die getätigten Investitionen sofort voll zu nutzen. Diese Tendenz, die nach 25 Jahren der Energiewende zu beobachten ist, wird jetzt als Energiewende 2.0 benannt [25].

In Abb. 3.26 sind die wichtigsten gegenwärtigen Herausforderungen, die an die Weiterentwicklung des Smart Grids gestellt werden, grafisch zusammengefasst.

Wie in Abb. 3.26 dargestellt, werden verschiedene organisatorische, informationstechnische und systemtechnische Maßnahmen erforderlich, um die Weiterentwicklung des Smart Grids im Rahmen der Energiewende 2.0 wirtschaftlich, technisch, gerecht und optimal aufzustellen. So werden zunächst folgende Anforderungen gestellt:

- Neue, gesicherte Erzeugungskapazitäten sollen sukzessive die Kohlekraftwerke ersetzen, die vom Netz gehen. Diese neuen Kraftwerke sollen sich insbesondere durch eine schnelle Regelbarkeit der Erzeugung auszeichnen. Eine ausreichende Erzeugungskapazitätsreserve ist vorzuhalten.

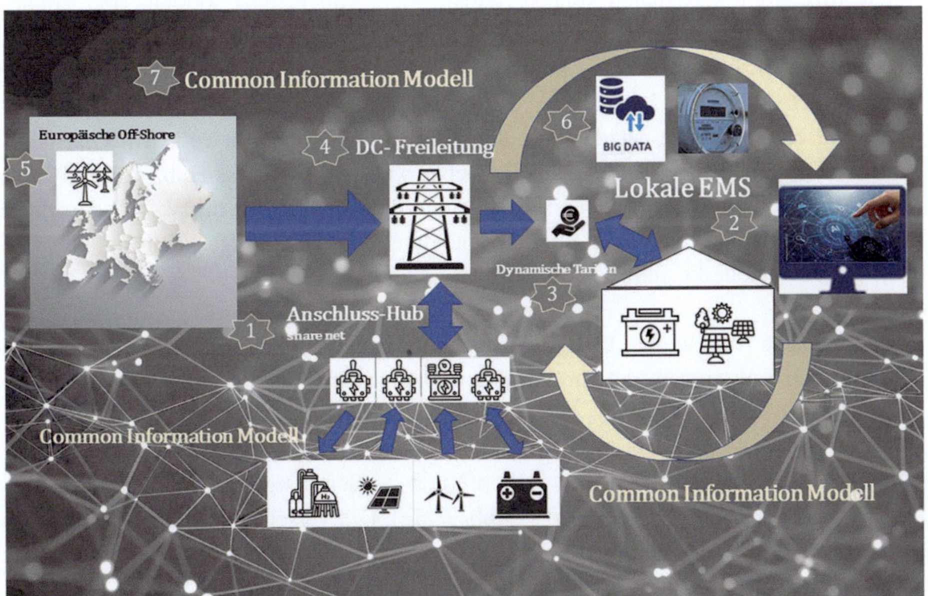

Abb. 3.26 Beispiele der Herausforderungen für die Weiterentwicklung von Smart Grid im Rahmen der Energiewende 2.0. (Quelle für Icons und Hintergrund: stock.adobe.com)

- Es soll ein Paradigmenwechsel beim Ausbau von erneuerbaren Energien, Speichern und Elektrolyseuren erfolgen. Diese Investitionen sind mit dem Netzausbau zu synchronisieren und so durchzuführen, dass sie in jedem Fall netzdienlich/marktdienlich sind. Dazu sollen die Standorte der Anlagen künftig so gewählt werden, dass sie die gemeinsame Netzinfrastruktur nutzen können (gleiche Leitungen, Transformatoren und Umspannwerke; Abb. 3.26, 1). Ziel ist es, durch eine intelligente netzdienliche Bündelung der unterschiedlichen Anlagen große Transportwege zu vermeiden und damit auch die Investitionen in die Infrastruktur zu reduzieren.
- Die Steuerbarkeit der dezentralen Energieerzeuger (Abb. 3.26, 3) und auch die Versorgungssicherheit müssen weiter erhöht werden.
- Marktsignale und Steuerung auch kleiner PV-Anlagen aus EEG bis 25 KW, Steuerung bis 7 kW (Abb. 3.26, 5).
- Redispatch in Verteilnetzen von unbilanziert auf bilanziert umstellen. Schaffung geeigneter Anreizmodelle.

Die Bezahlbarkeit der Stromversorgung rückt wieder in den Fokus der Gesellschaft. Deshalb müssen folgende Situationen berücksichtigt werden:

- Zunächst muss das Tempo des Ausbaus von Erzeugung und Netz synchronisiert werden. Durch schnellen Ausbau der EE-Erzeugung entstehen schnell Engpässe im Netz. Die Erzeugungskapazitäten können deshalb nicht voll genutzt werden. Hier können große Einsparungen erzielt werden.
- Freileitungen sollten zukünftig Standard bei Gleichstromprojekten sein (Abb 3.27a, b; siehe auch Abb. 3.26, 2).
- Die Anschlüsse sollen netzdienlich unter Berücksichtigung von volkswirtschaftlicher Effizienz gestaltet werden. Solche Konzepte wie ein Anschluss-Hub, der ein Cable Pooling (Abb. 3.26, 1) erlauben soll, verringern nicht nur Investitions-, sondern auch zukünftige Redispatch-Kosten durch Vermeidung von nicht nötigen Transporten (z. B. zwischen Windparks und Elektrolyseurstationen).

Der notwendige Ausbau der Offshore-Windenergie, die erhebliche Potenziale zur Reduktion von CO_2-Emissionen und zur Sicherheit einer nachhaltigen und stabilen Stromversorgung bietet, soll:

- aufgrund der begrenzten Flächen neu optimiert werden. Es geht um die vertiefte Analyse der Verschattung in Windparks (Abb. 3.27c). Die Verschattung führt dazu, dass es zu Mehrkosten pro installierter MWh kommt, was zu Erhöhung der Offshore-Umlage führt.
- die paneuropäische Planung des Ausbaus der Offshore-Windenergie in Nord- und Ostsee wie auch die Kosten dieser Maßnahmen (z. B. durch Bau der gemeinsamen Anschlüsse) senken (Abb. 3.26, 1).

Abb. 3.27 Energiewende 2.0. Beispiel der Themen, die auf die Markttauglichkeit geprüft werden sollen. Erdkabel (a) vs. DC-Freileitung (b). c) Horn-Rev1-Windpark; Abschattung in Windparks. (Quellen: a) Amprion/Foto Frank Peterschröder, b) Hitachi Energy, c) Vattenfall/Foto Christian Steiness)

Wichtig ist auch eine weitere Beschleunigung bei den Planungs- und Genehmigungsverfahren, um einen planungsrechtssicheren Rahmen zu erreichen. Hier wird erwartet:

- Zügige Umsetzung der Erneuerbare-Energien-Richtlinie (RED III).
- Sicherung der Flächenverfügbarkeit für Stromnetzinfrastrukturen durch Vorkaufsrechte für Netzbetreiber.

Die entscheidende Rolle spielen in der Realisierung des Smart Grids die IKT-Technologien. Hier ist es wichtig, die Unabhängigkeit der digitalen Lösungen zu fördern. Damit ist unter anderem Folgendes gemeint:

- Die Notwendigkeit der Interoperabilität der digitalen Kommunikations- und Schutzanlagen.

- Das Errichten von Data Hubs, die die durchgehende Datensicherung auf allen Ebenen für den Smart-Meter-Rollout gewährleisten. Hier geht es um Erfassung von Daten auch von Objekten und Anwendungen, wie E-Autos und Wärmepumpen, für Ansatz von neuen Anwendungsfällen wie z. B. dynamischen Stromtarifen in solcher Qualität und Geschwindigkeit, dass diese für die Steuerung und Abrechnung gesichert zur Verfügung gestellt werden (Abb. 3.26, 4). Die aktuellen Aktivitäten um einen gemeinsamen MaBiS-Hub der vier deutschen ÜNB sind ein erster Schritt.
- Die Vermeidung einer Doppelerhebung der Daten für die Raum- und Bedarfsplanung (z. B. Doppelkartierung). Zusammenwirken aller am Planungsprozess beteiligten Akteure (Einsatz von Common-Information-Modellen; Abb. 3.26, 6).

Die oben genannten Maßnahmen können helfen, die Energiewende bezahlbarer zu halten.

Fragen zu Kap. 3

1. Seit wann wird Strom an der deutschen Strombörse EEX gehandelt?
   a. 1945
   b. 1991
   c. 2001
2. Nach welchem Prinzip wird der Handelspreis an der Börse EEX bestimmt?
   a. Day Ahead
   b. Merit-Order
   c. Marginalpreis
3. Wie werden die meisten Stromkontrakte in Deutschland abgeschlossen?
   a. Im OCT-Handel (außerbörslich)
   b. Im Day-Ahead-Handel an der Börse.
   c. Als Pay-as-Bid
4. Warum werden erneuerbare Energien an der Börse am billigsten gehandelt?
   a. Weil die Grenzkosten der EE nahe null liegen
   b. Weil EE gefördert sind
   c. Weil die EE keine Emissionen ausstoßen
5. In welchem Zeitintervall wird auf dem Intraday-Markt gehandelt?
   a. Viertelstunde
   b. 1 h
   c. 24 h
6. Wann treten negative Preise an der Börse auf?
   a. Wenn die Nachfrage das Angebot übersteigt
   b. Wenn das Angebot die Nachfrage übersteigt
   c. Wenn keine erneuerbaren Energien eingespeist werden
7. Wann spricht man von Redispatch?

    a. Wenn alle EE aus Sicherheitsgründen ausgeschaltet werden müssen

    b. Wenn z. B. Prognosefehler eine andere Struktur der Einspeisung verlangen

    c. In der Nacht

8. Was bildet einen Bilanzkreis ab?

    a. Eine Region, die etwa einem Landkreis entspricht

    b. Ein virtuelles Gebilde ohne territorialen Zusammenhang

    c. Eine Stadt in der Nähe eines Kraftwerks

9. Mit wem wird ein Bilanzkreisvertrag geschlossen?

    a. Mit ÜNB

    b. Mit VNB

    c. Mit dem Staat

10. Was bedeutet es, wenn ein Bilanzkreis unterdeckt ist?

    a. Die Erzeugung übersteigt den Verbrauch.

    b. Der Verbrauch übersteigt die Erzeugung.

    c. Die Netze im Bilanzkreis sind schwach.

11. Welche Fähigkeit besitzt ein Smart Meter?

    a. Die gemessenen Stromwerte automatisch weitersenden

    b. Lokale Stromabnehmer (z. B. Kühlschrank) steuern

    c. Bei zu hohem Stromverbrauch Alarm schlagen

12. Wem stehen die Messdaten nach MaKo 2020 zur Verfügung?

    a. Nur dem Messstellenbetreiber (MSB)

    b. Nur den Netzbetreibern (ÜNB und VBN)

    c. Allen oben genannten Marktteilnehmern

Lösungen:

1c, 2b, 3a, 4a, 5a, 6b, 7b, 8b, 9a, 10b, 11a, 12c

Literatur

1. Komarnicki P, Kranhold M, Styczynski Z A (2021) Sektorenkopplung – Energetisch-nachhaltige Wirtschaft der Zukunft. Grundlagen, Modell und Planungsbeispiel eines Gesamtenergiesystems (GES). Verlag Springer. ISBN 978-3-658-33558-8
2. Reiner Lemoine Stiftung (2022) Leitplanken für die Gestaltung des Klimaneutralen Stromsystems: Erkenntnisse aus einer Expert*innen-Umfrage. https://www.reiner-lemoine-stiftung.de/pdf/RLS_2022_Leitplanken_f_r_die_Gestaltung_des_Klimaneutralen_Stromsystems.pdf. Abgerufen 18.03.2025
3. Linnemann M (2024) Energiewirtschaft für (Quer-)Einsteiger. 2 Auflage. Springer Vieweg, Wiesbaden
4. Wissenschaftlicher Dienst Deutscher Bundestag. Merit Order. Alternativen zum Preisbildungsmechanismus an der Strombörse. WD 5-3000-111-22. 31.10.2022. https://www.bundestag.de/resource/blob/922150/ef7b04eda9b6b5034876248539891467/WD-5-111-22-pdf-data.pdf. Abgerufen 18.03.2025

5. Energie-Lexikon (2025) Grenzkosten. https://www.energie-lexikon.info/grenzkosten.html. Abgerufen 18.03.2025
6. EWI (2024) EWI Merit Order Tool 2023 – Dokumentation
7. Agora Energiewende (2014) Negative Energiepreise: Ursachen und Wirkung. Berlin
8. Negative Strompreise – Fakten und Statistiken (2025) BHKW-Infozentrum. https://www.bhkw-infozentrum.de/wirtschaftlichkeit-bhkw-kwk/negative-strompreise-fakten-und-statistiken.html, Abgerufen 11.03.2025
9. Großhandelspreise (2025) BNetzA – SMARD. https://www.smard.de/page/home/wiki-article/446/562. Abgerufen 18.03.2025
10. Durchschnittliche mengengewichtete Preise für Haushaltkunden für das Abnahmebans ab ausschließlich 2500 kWh bis 5000 kWh im Jahr (2024) Monitorbericht von Bundesnetzagentur und Bundeskartellamt. https://www.bundesnetzagentur.de/DE/Vportal/Energie/Preise Abschlaege/Tarife-table.html. Abgerufen 18.03.2025
11. EEX: So funktioniert der Stromhandel an der Börse (2025) E.ON. https://www.eon.de/de/gk/energiewissen/eex-european-energy-exchange.html. Abgerufen 18.03.2025
12. Strombeschaffung und Stromhandel (2020) DIHK (Deutscher Industrie- und Handelskammertag), Berlin-Brüssel https://www.dihk.de/resource/blob/16826/6b374abd68f83c368ed7d9cc68dadcd0/energie-dihk-faktenpapier-strombeschaffung-und-handel-data.pdf. Abgerufen 18.03.2025
13. 50Hertz Transmission GmbH, Amprion GmbH, TenneT TSO GmbH, Transnet BW (2017) Aktuelles und zukünftiges Rollenverständnis der Übertragungsnetzbetreiber insbesondere hinsichtlich der Zusammenarbeit mit Verteilnetzbetreibern. https://www.amprion.net/Dokumente/Presse/Stellungnahmen/2017/2017_08_30_langfassung_positionspapier_tsodso.pdf. Abgerufen 27.03.2025
14. Haendel M, Klobasa M, Eßer A (2016) Möglichkeiten für grenzüberschreitenden Handel mit lastseitigen Flexibilitäten in Deutschland, Frankreich, Schweiz und Österreich im Rahmen des Pilotprojekts Demand Side Management Baden-Württemberg. Fraunhofer ISI, Karlsruhe
15. Arlinghaus J C, Komarnicki P, Richter M (Hg.) (2020) Perspektive Flexibilitätsoptionen in der Produzierenden Industrie. Bericht zum Projekt WindNODE. Fraunhofer-Institut für Fabrikbetrieb und -automatisierung (IFF), Magdeburg
16. Bertsch J, Schweter H, Sitzmann A, Fridgen G, Sachs T, und Schöpf M (2017) Ausgangsbedingungen für die Vermarktung von Nachfrageflexibilität: Status-Quo-Analyse und Metastudie. Universität Bayreuth. https://www.econstor.eu/bitstream/10419/172481/1/Bayreuther-AP-WI-62.pdf. Abgerufen: 27.03.2025
17. 50Hertz et al. (2016) FAQ Regelleistung. https://www.regelleistung.net/de-de/Hilfe/FAQ. Abgerufen: 27.03.2025
18. Goldammer K (2016) Einführung in das Bilanzkreismanagement. Reiner Lemoine Institut, Berlin
19. Fraunhofer IEE (2029) Studie zur Elektroenergieversorgung von Gewächshäusern aus einem volatilen Stromnetz mit hohem Anteil erneuerbarer Energien. Forschungsbericht Fraunhofer IEE, Kassel
20. Lehmann et al. (2019) Definition von Flexibilität in einem zellulär geprägten Energiesystem. KIT, Karlsruhe
21. European Commission (Joint Research Centre) (2025) Smart Metering deployment in the European Union. http://ses.jrc.ec.europa.eu/smart-metering-deployment-european-union. Abgerufen: 27.03.2025
22. Bundesministerium der Justiz und für Verbraucherschutz (2016) Gesetz über den Messstellenbetrieb und die Datenkommunikation in intelligenten Energienetzen (Messstellenbetriebsgesetz – MsbG). https://www.gesetze-im-internet.de/messbg/. Abgerufen: 27.03.2025

23. Energieerzeugung. Deutschland (2025) DeStatis. Statistisches Bundesamt. https://www.des tatis.de/DE/Themen/Branchen-Unternehmen/Energie/Erzeugung/_inhalt.html.   Abgerufen 25.03.2025

24. Sicher, bezahlbar, klimaneutral: Energie für einen starken Wirtschaftort. (2025) 50Hertz-Transmission GmbH, Berlin. https://www.sicher-bezahlbar-klimaneutral.com/files/media/sic her-bezahlbar-klimaneutral/250127-50hertz-br-bundestagswahl-a5-quer-web.pdf.   Abgerufen 24.03.2025

25. Marktorientiert und pragmatisch: Die Energiewende braucht einen Neustart. Gemeinsames Positionspapier RWE und E.ON (2025) RWE. https://www.rwe.com/-/media/RWE/doc uments/07-presse/statements-und-positionen/gemeinsames-positionspapier-rwe-und-eon.pdf. Abgerufen 24.03.2025

Stichwortverzeichnis